맛의 과학

식품 감각평가 이론 및 실험

저자 소개

이인선 충북대학교 Ph.D. 식품영양학전공
현) 국립군산대학교 식품생명과학부 교수

김혜영(B) 캔사스주립대학교 Ph.D. 식품조리과학전공
현) 용인대학교 식품조리학부 교수

김미나 노스캐롤라이나주립대학교 Ph.D 감각과학 및 향미화학전공
현) 전북대학교 식품영양학과 교수

김미란 이화여자대학교 Ph.D. 식품영양학전공
현) 가톨릭대학교 식품영양학과 조교수

김은경 용인대학교 Ph.D. 식품영양학전공
현) 용인대학교 식품조리학부 초빙교수

맛의 과학

식품 감각평가 이론 및 실험

초판 발행 2024년 02월 26일

지은이 이인선, 김혜영(B), 김미나, 김미란, 김은경
펴낸이 류원식
펴낸곳 교문사

편집팀장 성혜진 | **디자인** 신나리 | **본문편집** 박미라

주소 10881, 경기도 파주시 문발로 116
대표전화 031-955-6111 | **팩스** 031-955-0955
홈페이지 www.gyomoon.com | **이메일** genie@gyomoon.com
등록번호 1968.10.28. 제406-2006-000035호

ISBN 978-89-363-2542-8(93590)
정가 23,000원

| 맛의 과학 |

식품 감각평가 이론 및 실험

이인선 · 김혜영(B) · 김미나 · 김미란 · 김은경 지음

교문사

머리말

2023년 식품외식산업 주요 통계 정보에 따르면, 2021년 식품산업의 규모는 299조 4천억 원으로 전년 대비 12.7% 증가했습니다. 해외 식품시장의 2023년도 규모는 9조 3천억 달러로 전년 대비 5.7% 증가하였으며 식품 분류별로 보면 식료품 4.9조 달러, 음료 3.5조 달러에 이릅니다. 이러한 식품산업의 가파른 성장은 소비자 입장에서 식품의 품질을 경쟁력 있게 평가하는 방법에 대한 관심도 빠르게 증가시키고 있으며, 이에 따른 다양한 식품 품질 평가에 대한 방법의 중요성도 커지고 있습니다.

식품의 품질은 물리·화학적 분석 방법, 감각평가법, 영양 · 위생적 평가 등 다양한 방법으로 평가됩니다. 이 중 양적 요소와 영양 위생적 요소는 관계 당국의 기준에 따라 통제되고, 대학과 식품산업체에서도 기본적으로 지켜지는 방법입니다. 한편, 식품의 감각적 평가는 다양한 인간의 감각체계를 활용하여 소비자의 요구에 맞는 경제적인 품질의 제품을 만들기 위해 중요한 방법으로 사용됩니다. 이를 위해 식품 생산 업자는 자신의 사업을 유지하고 발전시키기 위해 감각평가를 스스로 유지 및 개선해야 하며, 이는 식품 산업의 품질관리 업무에서 점점 더 중요해지고 있습니다.

이 책은 다양한 식품의 품질 요소를 감각평가를 통해 측정하고 평가하는 방법에 초점을 맞추어 구성되었습니다. 학교와 현장에서 식품의 감각적 품질 평가에 관심 있는 학생과 현장 실무자들에게 실질적인 도움이 될 수 있도록, 저자들이 오랜 강의 경험을 토대로 내용을 정리하였습니다.

먼저 제1장에서 감각평가의 정의와 응용법 등을 설명한 후, 제2장과 제3장에서는 식품과 관련된 감각특성과 감각평가에 영향을 미치는 요소들을 다룹니다. 제4장부터 제6장까지는 감각평가를 위한 패널 선정 훈련과 시료 제시, 척도법 등에 대해 설명하며, 제7장부터 제9장에서는 분석적이고 객관적인 감각평가와 주관적인 소비자 평가 방법을 예를 들어 소개합니다. 제10장에서는 와인과 커피의 감각평가를 전문가들이 어떻게 적용하는지를 소개하고, 제11장에서는 실험설계와 통계분석 방법을 다룹니다.

이 책은 모든 식품감각평가 방법을 실험하고 그 결과를 통계적으로 분석하여 실제 감각평가 실험을 수업에 적용할 수 있는 방법을 제시하고 있습니다. 이 책이 식품 감각평가를 필요로 하는 분들에게 실질적이고 실용적인 도움이 되기를 바라며, 이 책의 출간에 많은 수고를 하신 연구원, 대학원생들, 그리고 교문사의 관계자 여러분께 깊은 감사의 말씀을 드립니다.

2024년 2월

저자 일동

● 차례

CHAPTER 3

감각평가에 영향을 주는 요소

CHAPTER 4

감각평가요원(패널)의 선정 및 훈련

CHAPTER 5

시료의 준비와 제시

CHAPTER 6

척 도

CHAPTER 7

차이식별평가

CHAPTER 8

묘사분석

CHAPTER 9

소비자 평가

CHAPTER 10

와인과 커피 감각평가

CHAPTER 11

감각평가의 실험설계 및 통계분석

CHAPTER 1

식품의 감각평가 개요

1. 정의와 중요성
2. 감각평가 응용범위
3. 식품 감각평가 방법의 개요
4. 감각평가의 고려사항

CHAPTER 1

식품의 감각평가 개요

1. 정의와 중요성

식품의 감각평가(sensory evaluation)는 사람의 감각체계를 이용하여 식품의 품질보증과 새로운 제품개발을 수행하는 평가 방법의 하나이다. 식품은 인간의 기본적인 감각으로 평가되고 선택되는 특성이 있으며, 식품의 감각평가는 원재료 혹은 최종 식품에 대해 감각적 특성인 외관, 향미 및 조직감 등을 과학적으로 평가하는 작업이다. 식품 감각평가는 인간의 시각, 후각, 미각, 촉각 및 청각으로 감지되는 식품과 물질의 특성에 따른 반응을 측정, 분석 및 해석하는 과학의 한 분야이다(IFT, Institute of Food Technologists). 사람이 감각평가를 진행할 때는 심리적 요인에 의하여 일어날 수 있는 오차를 극복할 수 있도록 평가 조건들을 엄격하게 통제할 필요성이 있다. 왜냐하면 감각평가 결과는 평가요원의 신체적, 정신적 조건 및 주변환경에 따라 영향을 받을 수 있기 때문이다.

감각적 특성을 평가하여 얻은 결과와 물리적 및 화학적 검사를 하여 얻은 결과 간의 상관관계를 분석하기도 한다. 식품은 그 자체로 고유의 물리 · 화학적 특성을 가지고 있으므로 누가 검사하여도 동일한 결과를 얻을 수 있다. 그러나 개개인이 느끼는 생리적, 심리적 자극량은 동일하지 않기 때문에 사람의 입에 들어간 순간부터 뇌에 그 특정 식품에 대한 자극이 전달되기까지 전 과정에 걸쳐 감각적 반응은 개인에 따라 다르게 나타나게 된다. 뇌에서 인지한 자극을 말로 표현할 때 그 자극의 양을 표준화하여 나타내게 하기 위해 감각평가는 다양한 통계법을 사용하며, 생리학, 심리학 등 여러 분야를 다각적으로 고려하여 그 신뢰도를 높이고 있다. 또한 식품의 올바른 감각평가를 위해 측정 방법을 표준화하고, 실험실 전문 평가 및 소비자 평가 단계에서 충분히 계획된 실험 조건하에 다수의 감각평가요원(패널)이 참여하도록 하며, 평가 내용에 따른 통계법을 적용하여 신뢰성을 높이고 있다.

식품에서 감각평가가 중요한 이유는 제품의 개발과 완성단계에서 인간의 감각기관을 통하여 그 특성을 측정하고 분석할 수 있으며, 식품의 저장성과 소비자 기호도에 미치는 영향을 조사하여 소비자가 원하는 제품을 소비자의 관점에서 개발할 수 있을 뿐 아니라 효율적으로 제품을 개발하고 판매하는 데 필수적이기 때문이다. 식품에 관한 연구 및 개발단계에서 발생하는 비용은 완제품화하여 시장에 내어놓을 동안에 드는 총 비용에 비해 훨씬 적다. 따라서 대량생산 전에 제품 품질에 대한 감각평가를 거친 완제품에 대하여 판매를 결정함으로써 최종제품 생산 후 소비자 외면으로 발생할 수 있는 경제적 손실을 최소화할 수 있다는 점에서도 식품감각평가는 중요하다.

2. 감각평가 응용범위

식품 감각평가는 제품에 따라 사람의 오감뿐 아니라 통각, 온도감각도 활용하는 등 감각기관의 일부 또는 전부가 관여하는 종합적 판단에 의해 이루어진다. 감각평가를 가장 많이 사용하는 산업분야는 미각과 직접 연관된 식품가공, 외식조리, 건강 관련 식품, 아동용 식품 분야 등이다. 화장품도 향과 텍스처가 중요한 특성이기 때문에 이를 평가할 때 감각평가가 중요하게 적용된다. 기초제품 외에도 바디용품, 색조제품에 이르기까지 다양하게 감각평가를 적용하고 있다. 치약, 화장지, 샴푸 등의 생활용품 분야에서도 사람의 감각을 통한 감각평가가 필요하다. 이외에도 최근에는 더 많은 산업분야에서 감각평가에 관심을 가지는 추세이다. 예를 들어 김치냉장고, 냉장고, 오븐 등 가전제품이나 펫 푸드(pet food)에서도 감각평가가 가능하며 소비자의 취향이 접목되는 거의 모든 분야에서 감각평가는 광범위하게 응용되고 있다. 현재 식품 분야에서 응용되고 있는 감각평가의 범위는 다음과 같다.

1) 신제품 개발

기업은 경쟁력 있는 새로운 상품을 끊임없이 개발하고 판매해야 한다. 신제품 개발 시 연구 방향을 정하거나 그 제품이 갖추어야 할 품질 특성과 문제점을 알아보고 이 신제품의 품질이 실제 소비자에게 인정될 수 있는지를 결정하고자 할 때 감각평가가 응용될 수 있다. 또한 신제품의 원료 및 제품을 분류하고 등급을 정하며, 가격을 설정하기 위한 품질평가의 기준을 정하는 데도 사용될 수 있다.

2) 제품의 품질 개선

기업에서는 기존 제품이 시장에서 상대적으로 우수한 경쟁력을 가질 수 있도록 품질을 개선할 필요가 있다. 품질 개선을 위해 개선 방향과 방법을 설정하고 개선된 제품과 기존 제품 간 품질의 차이를 비교하여 신제품의 품질이 얼마나 향상되었는지를 평가하고자 할 때 감각평가가 이용된다.

3) 원가 절감 및 제조공정의 개선

기업에서는 제품의 상대적인 우위를 유지하고 이윤을 확보하기 위해 원가를 절감하는 것이 무엇보다 중요한 과제 중 하나이다. 이에 따라 재료 일부를 값이 싼 원료로 바꾸거나 생산성을 높이면서도 보다 저렴한 제조공정으로 개선할 필요가 있다. 이러한 과정을 거쳐 개발된 제품이 기존 제품에 비해 어떤 차이가 있는지 검토하고자 할 때 감각평가가 유용하게 사용될 수 있다.

4) 품질관리

제품이 일정한 품질 수준을 유지하도록 관리하는 것은 그 제품의 품질 보증을 위해 매우 중요하다. 물리 · 화학적 방법을 병행하기도 하지만 때로는 품질이 균일하게 유지되도록 품질관리에 필요한 규격을 결정하거나 제조공정의 여러 단계와 유통 과정에서 일정한 품질 수준을 유지하고 관리하는 데 감각평가가 유일한 방법이 되기도 한다. 식품의약품안전처(이하 식약처)의 〈식품공전〉에서는 모든 식품을 대상으로 한 식품일반시험법과 수산물의 품질검사에 적용하는 감각평가의 적용항목 및 채점기준을 제시하고 있다. 또한 〈건강기능식품공전〉에서는 건강기능식품 기능성 원료 및 기준 규격 인정을 위한 감각평가 규정을 제시하고 있다.

(1) 〈식품공전〉의 성상검사가 필요한 모든 일반식품 및 수산물 대상 감각평가법

식약처 〈식품공전〉의 식품일반시험법상 성상검사의 감각평가 시험법 적용범위는 성상을 검사하고자 하는 모든 식품이다. 분석원리에서 성상시험은 식품에 대해 시각, 후각, 미각, 촉각 및 청각으로 감지되는 반응을 측정하여 식품의 특성을 시험한다고 정의하고 있다. 〈식품공전〉에서 수산물 대상 감각평가 시 외관, 색깔, 선별 항목은 각 수산물에 공통으로 적용한다. 공전상 검사항목이 정해진 것은 제시된 채점기준에 따라 채점한 결과가 평균 3점 이상이어야 하며 1점 항목은 없어야 한다고 규정되어 있다.

표 1-1 〈식품공전〉상 검사가 필요한 모든 식품 대상 감각평가 적용항목 및 채점기준

항목	채점기준
색깔	1. 색깔이 양호한 것은 5점으로 한다. 2. 색깔이 대체로 양호한 것은 그 정도에 따라 4점 또는 3점으로 한다. 3. 색깔이 나쁜 것은 2점으로 한다. 4. 색깔이 현저히 나쁜 것은 1점으로 한다.
풍미	1. 풍미가 양호한 것은 5점으로 한다. 2. 풍미가 대체로 양호한 것은 그 정도에 따라 4점 또는 3점으로 한다. 3. 풍미가 나쁜 것은 2점으로 한다. 4. 풍미가 현저히 나쁘거나 이미·이취가 있는 것은 1점으로 한다.
조직감	1. 조직감이 양호한 것은 5점으로 한다. 2. 조직감이 대체로 양호한 것은 그 정도에 따라 4점 또는 3점으로 한다. 3. 조직감이 나쁜 것은 2점으로 한다. 4. 조직감이 현저히 나쁜 것은 1점으로 한다.
외관	1. 병충해를 입은 흔적 및 불가식부분 제거, 제품의 균질 및 성형상태와 포장상태 등 외형이 양호한 것은 5점으로 한다. 2. 제품의 제조·가공상태 및 외형이 비교적 양호한 것은 그 정도에 따라 4점 또는 3점으로 한다. 3. 제품의 제조·가공상태 및 외형이 나쁜 것은 2점으로 한다. 4. 제품의 제조·가공상태 및 외형이 현저히 나쁜 것은 1점으로 한다.

주) 특성 항목별 채점기준에 따라 채점 결과가 평균 3점 이상이어야 하고 1점 항목이 없어야 함
출처 : 식품의약품안전처 고시 제2023-72호(2023. 11. 28. 개정)

표 1-2 〈식품공전〉상 검사가 필요한 수산물 대상 감각평가 적용항목 및 채점기준

구분	항목	채점기준
공통	외관 (형태)	1. 손상과 변형이 없고, 처리상태가 우량한 것은 5점으로 한다. 2. 손상과 변형이 거의 없고, 처리상태가 양호한 것은 그 정도에 따라 4점 또는 3점으로 한다. 3. 손상과 변형이 있거나 처리상태가 나쁜 것은 2점으로 한다. 4. 손상과 변형이 현저히 많거나 처리상태가 현저히 나쁜 것은 1점으로 한다.
	색깔 (색택)	1. 고유의 색깔이 우량한 것은 5점으로 한다. 2. 고유의 색깔이 양호한 것은 그 정도에 따라 4점 또는 3점으로 한다. 3. 색깔이 나쁜 것은 2점으로 한다. 4. 색깔이 현저히 나쁜 것은 1점으로 한다.
	선별	1. 크기 및 품질이 균일하고 이종품 및 파치품의 혼입이 없는 것은 5점으로 한다. 2. 크기 및 품질이 균일하고 이종품의 혼입이 없고 파치품의 혼입이 거의 없는 것은 그 정도에 따라 4점 또는 3점으로 한다.

(계속)

구분	항목	채점기준
공통	선별	3. 크기 및 품질이 약간 불균일하고 이종품의 혼입이 없으며 파치품의 혼입이 있는 것은 2점으로 한다. 4. 크기 및 품질이 불균일하고 이종품의 혼입이 있고 파치품의 혼입이 많은 것은 1점으로 한다.
활어·패류	활력도	1. 살아 있고 병충해의 흔적이 없으며 활력도가 우량한 것은 5점으로 한다. 2. 살아 있고 병충해의 흔적이 없으며 활력도가 양호한 것은 그 정도에 따라 4점 또는 3점으로 한다. 3. 살아 있고 병충해의 흔적이 없으며 활력도가 보통인 것은 2점으로 한다. 4. 살아 있고 병충해의 흔적이 있거나 활력도가 불량한 것은 1점으로 한다.
신선·냉장품	선도	1. 선도가 우량하고 고유의 신선취가 있는 것은 5점으로 한다. 2. 선도가 양호하고 고유의 신선취 정도에 따라 4점 또는 3점으로 한다. 3. 선도가 떨어지고 이취(유화수소, 암모니아취)가 약간 있는 것은 2점으로 한다. 4. 선도가 불량하고 이취(유화수소, 암모니아취)가 있는 것은 1점으로 한다.
냉동품	선도	1. 선도가 우량하고 고유의 신선취가 있는 것은 5점으로 한다. 2. 선도가 양호하고 고유의 신선취 정도에 따라 4점 또는 3점으로 한다. 3. 선도가 떨어지고 이취(유화수소, 암모니아취)가 약간 있는 것은 2점으로 한다. 4. 선도가 불량하고 이취(유화수소, 암모니아취)가 있는 것은 1점으로 한다.
	건조 및 유소	1. 충분히 그레이징하거나 포장하여 건조 및 유소현상이 없는 것은 5점으로 한다. 2. 건조 및 유소현상이 비교적 없는 것은 그 정도에 따라 4점 또는 3점으로 한다. 3. 건조 및 유소현상이 보통인 것은 2점으로 한다. 4. 건조 및 유소현상이 심한 것은 1점으로 한다.
건조품	풍미	1. 충해 및 곰팡이가 없고 고유의 풍미가 우량한 것은 5점으로 한다. 2. 충해 및 곰팡이가 없고 고유의 풍미가 양호한 것은 그 정도에 따라 4점 또는 3점으로 한다. 3. 충해 및 곰팡이가 없고 고유의 풍미가 보통인 것은 2점으로 한다. 4. 충해 및 곰팡이가 없고 고유의 풍미가 불량한 것은 1점으로 한다.
염장품	풍미	1. 염분이 육질에 균등히 침투되고 고유의 풍미가 우량한 것은 5점으로 한다. 2. 염분이 육질에 균등히 침투되고 고유의 풍미가 양호한 것은 그 정도에 따라 4점 또는 3점으로 한다. 3. 염분이 육질에 약간 불균일하게 침투되고 고유의 풍미가 보통인 것은 2점으로 한다. 4. 염분이 육질에 불균일하게 침투되고 고유의 풍미가 불량한 것은 1점으로 한다.

주) 각 항목별 평균 3점 이상이어야 하며 1점 항목은 없어야 함

출처 : 식품의약품안전처 고시 제2023-72호(2023. 11. 28. 개정)

(2) 〈건강기능식품공전〉의 건강기능성식품 대상 감각평가법

식약처 〈건강기능식품공전〉에서는 「건강기능식품의 기능성 원료 및 기준규격 인정에 관한 규정」에서 감각평가 적용이 필요한 건강기능식품에 대해 감각특성 시험 항목과 시험내용을 정하여 제시하고 있다. 감각평가 시험 항목은 맛/향, 색상, 형태, 제형, 외관이며 각 항목별 고유 시험내용은 표 1-3과 같다.

표 1-3 건강기능식품 기능성 원료 및 기준 규격 인정항목 및 시험내용

시험 항목	항목		판정		비고
			예	아니오	
맛/향	고유의 향미가 있고 이미·이취가 없는가? ※ 맛과 향에 대한 판단이 어려우므로 판정에서는 제외하나, 이미·이취가 있을 경우에는 비고란에 작성함		–	–	
색상	채도/명도	채도(선명한, 흐린, 탁한, 투명한)와 명도(밝은, 어두운, 진한, 연한)가 기재한 내용과 동일한가?	☐	☐	
	광택	광택(광택이 있는, 광택이 없는)이 기재한 내용과 동일한가?	☐	☐	
	색이름	유채색(12종), 무채색(3종) 등 계통색 이름 203색채의 색상과 유사한가?	☐	☐	
형태	모양	모양(원형, 타원형, 반원형, 장방형/장타원형, 삼각형, 정사각형, 직사각형, 마름모형, 오각형, 육각형, 팔각형 등)이 기재한 내용과 동일한가?	☐	☐	
	기계적 특성	탄성(가소성의, 전성의, 탄력성이 있는), 점도(유동성의, 묽은, 미끈미끈한, 점성의), 접착성(끈끈한, 끈적끈적한, 들러붙는)이 기재한 내용과 동일한가?	☐	☐	
	기하학적 특성	입자성(매끄러운, 모래 같은, 낱알이 많은, 거친)이 기재한 내용과 동일한가?	☐	☐	
제형	제형[정제, 캡슐(경질/연질), 환, 과립, 액체·액상, 분말, 편상, 페이스트, 시럽, 젤리, 겔, 바, 필름]이 기재한 내용과 동일한가?		☐	☐	
외관	파손 또는 변형된 부분이 없는가?		☐	☐	
	내용물이 흘러나온 흔적이 없는가?		☐	☐	
	표면에 이물질이 묻어 있지 않는가?		☐	☐	

출처 : 식품의약품안전처 고시 제2023-50호(2023. 7. 24. 개정)

5) 저장에 대한 안정성

제품은 제조, 저장 수송, 유통단계를 거치므로 시간 경과로 인한 변화 및 취급 시의 변화를 측정할 필요가 있다. 제품이 개발된 후 소비자들이 수용할 수 있는 최저 품질 수준을 나타내는 소비기한을 설정하는데, 감각평가를 이용하여 저장 시 안정성을 평가할 수 있다.

6) 마케팅

개발된 신제품이 소비자 평가에서 어떤 반응을 보일지 시장조사를 하는 것은 필수 과정 중 하나이다. 감각평가를 이용해 소비자 반응에 따른 제품의 강점을 찾아내고 소비자의 니즈를 파악할 수 있으며, 경쟁사 제품과 자회사 제품의 비교, 타회사 제품에 대한 정보수집 등으로 제품의 판매 상황을 예측하거나 향상시킬 수 있다. 이에 따라 마케팅 부서에서는 제품에 대한 개념 설정과 광고 계획 등 마케팅 전략을 수립할 수 있다.

7) 기 타

이외에도 제품 배합비 결정 및 최적화, 제품의 등급화, 최적시료 선택, 제품 포장형태 및 디자인 등 여러 분야에서 감각평가가 응용될 수 있다.

3. 식품 감각평가 방법의 개요

식품 감각평가 방법은 크게 분석적 평가와 소비자 평가로 나눌 수 있다. 검사 목적에 따라 검사방법도 달라지며 패널요원의 자격이나 규모도 달라진다. 그러므로 식품 감각평가를 실시하기 전에 평가하게 될 식품의 특성을 정확히 이해하고 검사의 목적을 분명히 하여 알맞은 감각평가 방법 및 통계분석 방법을 선택하는 등 적절한 실험계획을 수립하여야 한다. 그러나 일부 학교나 회사에서는 감각평가를 수행할 때 훈련된 소수의 패널요원을 통해 객관적인 측정을 실시하였음에도 결과를 해석할 때는 다수의 무경험 패널을 이용해 주관적인 기호도나 선호도를 평가한 것처럼 결론을 도출하는 경우가 많이 있다. 이는 소비자 평가 시 훈련된 소수의 인원으로 감각평가를 하는 것이 다수의 무경험 패널을 이용하는 것보다 필요한 시간이나 준비 비용이 훨씬 적게 들기 때문이다.

또한 감각평가 시 많이 할 수 있는 실수 중 하나는 훈련된 패널에 의한 특성 강도 실험에서 객관적인 특성의 강도가 강하고 약함을 표현하였는데 강도가 강하거나 약한 것이 '좋다' 혹은 '싫다'는 식의 기호라고 해석하는 것이다. 이와 같이 실험 방법과 통계분석 해석에서 혼돈이 생기면 감각평가를 수행하는 의미가 없어

표 1-4 식품 감각평가 방법의 개요

<table>
<tr><td colspan="7">감각평가(sensory evaluation)</td></tr>
<tr><td colspan="4">분석적 평가(analytical test)
• 반복실험
• 객관적 특성
• 소수의 훈련된 패널 이용</td><td colspan="3">소비자 평가(consumer test)
• 반복 안 됨
• 주관적 특성
• 훈련된 패널 아닌 소비자 이용</td></tr>
<tr><td colspan="2">차이식별평가
(discriminative test)</td><td colspan="2">묘사분석
(descriptive analysis)</td><td colspan="2">정량적 평가
(quantitative test)
최소 30인 이상,
보통 100인 이상</td><td>정성적 평가
(qualitative test)
12~15인</td></tr>
<tr><td>종합적 차이평가 (overall difference test)</td><td>특성 차이평가 (attribute difference test)</td><td>정성적 평가 (qualitative test)</td><td>정량적 평가 quantitative test)</td><td>기호도 평가 (acceptance test)</td><td>선호도 평가 (preference test)</td><td rowspan="2">• 포커스 그룹 인터뷰
• 일대일 면접</td></tr>
<tr><td>• 삼점평가
• 일-이점 평가
• 단순차이 평가
• A-부A 평가</td><td>• 이점비교 평가
• 3-AFC
• 순위법
• 평점법</td><td>• 향미프로필
• 텍스처 프로필</td><td>• 정량적 묘사분석
• 스펙트럼 묘사분석
• 시간강도 묘사분석</td><td colspan="2">• 가정사용평가(HUT)
• 중심지역평가(CLT)
• 실험실평가(LT)</td></tr>
</table>

진다. 감각평가에 대한 구체적인 방법은 각 장에서 보다 자세하게 설명하도록 하겠다.

감각평가의 방법별 개요를 표 1-4에 요약하였다.

4. 감각평가의 고려사항

감각평가는 인간의 감각기관을 통하여 식품 및 물질의 특성을 평가하는 것이므로 평가 방법과 조건이 엄격히 통제되지 않으면 객관적이고 과학적인 결과를 얻기 힘들다. 따라서 감각평가 의뢰인이나 실험진행자는 개인의 의지와 편견은 줄이고 제품에 대한 바른 평가가 이루어질 수 있도록 다양한 종류의 평가와 조건을 고려해야 한다.

1) 일반적 주의사항

우선 실험의 목적을 분명히 하여 실험계획을 세우고, 목적을 이루기 위한 제반 조건을 엄격하고 까다롭게 통제하도록 한다. 감각평가의 용어는 편하고 이해가 쉬우며 평가의 목적이 충분히 표현되어야 한다. 묘사분석의 용어는 훈련 기간에 개발, 정의, 확립하여 정한다. 적합한 패널요원과 인원수는 평가 방법에 따라 무경험 패널, 유경험 패널, 고도로 훈련된 패널 중 선택한다. 예를 들어, 제품에 대한 묘사분석을 하는 경우 10여 명의 훈련된 패널요원으로 평가가 가능하며 이 패널요원들로 제품의 기호도를 평가해서는 안 된다. 또한 감각평가를 진행하는 동안 적절하지 않은 냄새, 빛의 자극, 심리적 혼란을 일으키는 요인들과 같은 물리적 표준 환경을 사전에 점검하고 제거하여 평가에서 발생하는 오류를 방지하도록 한다. 데이터 분석 시에는 실험설계에 맞춰 처리의 효과가 명확하게 나타날 수 있는 올바른 통계 방법을 적용하며 결과에 대해서도 바르게 해석하도록 한다. 특히, 실험설계의 처리군이 특정 대우를 받는 경우가 발생하지 않도록 적합한 랜덤화를 적용하여 실험이 수행되어야 한다. 이와 같이 연구자는 실험의 모든 조건들을 주어진 상황에서 가능한 한 최상에 근접한 상태로 만들도록 노력하여야 한다.

2) 검사실의 배치와 설계

검사실을 설계할 때는 검사 중 접근이 쉽게 하며, 항상 정돈되고 혼잡하지 않은 환경이 되도록 검사 구역을 배열하는 등 검사실의 위치와 동선을 고려하여 설계해야 한다. 불편한 검사실의 위치는 패널요원의 예민도를 증가시키거나 실제 반응 성적을 감소시킬 수도 있으므로 검사실은 편리하게 이용할 수 있는 위치에 있어야 한다. 검사실은 응답자의 동기를 유발하고 검사를 잘 수행하게 할 수 있도록 가능한 한 최적의 공간 상태를 유지해야 한다.

보통 검사실의 가장 좋은 위치는 온도와 습도 조절이 가능하고 통풍이 잘 되며 냄새, 소음, 심리적 혼란을 최소화할 수 있는 조용한 곳이다. 검사에 방해가 되는 로비나 식당 근처는 피하는 것이 좋다. 또한 검사실의 벽과 바닥은 밝고 안정적인 색으로, 책상과 의자는 안락하게 설계해야 한다. 그 밖에 패널들을 위한 대기 장소에 옷장, 휴게실, 사무를 위한 장소 등이 마련되는 것이 좋다.

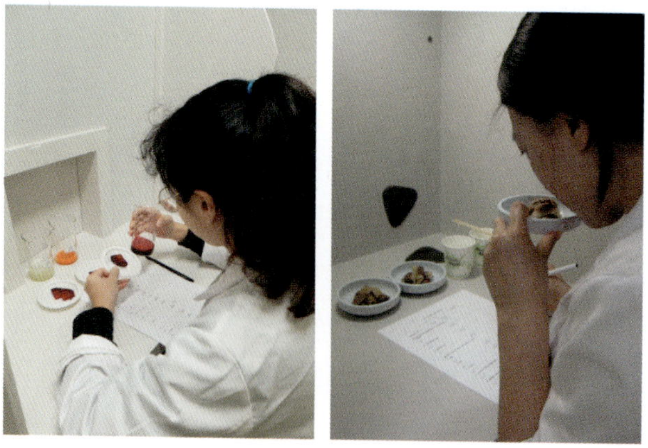

그림 1-1 식품의 감각평가

검사실은 일반적으로 시료 준비실, 평가실 및 자료처리실로 분리할 수 있다. 시료 준비실은 시료 준비에 필요한 기구와 장치가 구비되어 있어야 하며, 조리 시에는 냄새를 제거할 수 있도록 환기시설을 잘 갖추어야 한다. 준비실에서 발생한 냄새는 결과를 유추하게 하여 평가하는 데 영향을 줄 수도 있기 때문이다. 평가실은 실험 목적에 따라 개별 부스 영역(booth area)과 토론을 할 수 있는 라운드 테이블(round table area) 영역으로 나누어진다. 개별 부스는 실험자가 실험 이외의 다른 조건으로부터 영향을 받는 것을 막으며 혼돈을 겪거나 패널 간에 상호작용을 하는 것을 엄격히 통제할 수 있다.

3) 검사실 환경

(1) 냄새 관리 및 환기

검사실의 시료를 준비하는 곳은 다른 지역으로부터 들어오는 공기의 흐름이 적으며 활성탄 필터를 이용하여 공기 중의 냄새를 제거할 수 있는 곳으로 택한다. 시료를 준비하는 곳은 공기 흐름을 통제하여 다른 검사실로 냄새가 유입되지 않도록 주의하여야 한다. 또한 검사실 내부 벽이나 기타 장비와 집기 등에서도 냄새가 이전되지 않게 환기가 잘 되게 하여 쾌적한 상태를 유지해야 한다. 냄새가 강한 시료는 최단 시간만 노출시키도록 하여 검사하며 다른 시료를 측정하기 전에 철저한 환기가 이루어져야 한다.

(2) 온도 및 습도

검사실의 온도와 습도 유지를 위하여 냉 · 온방 시설이 잘 조절되어야 하며, 실온은 20~25℃, 상대습도는 50~60%를 유지하는 것이 좋다. 가장 쾌적한 환경에서 패널요원들은 검사의 오차를 최소화할 수 있다.

(3) 조 명

가장 좋은 조명은 일반적으로 사용하는 편안한 빛이므로 검사실은 채광이 좋은 곳이어야 하며 제품의 외관에 영향을 주지 않는 고른 빛을 내야 한다. 평가 공간 조명의 밝기는 1,076~1,184럭스(lux) 정도가 되도록 한다. 열 발생이 적고 주의력과 집중력을 높일 수 있는 주광색(cool white) 조명을 선택한다. 일반적인 평가에서는 특수한 조명이 필요 없으나, 색이나 외관의 다른 점을 강조하거나 숨기기 위해 특수한 조명 효과를 사용하기도 한다. 컬러 전구나 나트륨등과 같은 특별한 빛을 이용하여 색을 조정하거나 기본색 위에 컬러 필터를 부착하여 사용하는 경우도 있다. 이렇게 조명 색의 변화를 주는 것은 식품의 색이 편견을 가져올 수 있기 때문이다.

(4) 기 타

검사실의 벽, 천장, 바닥, 탁자 등의 건축재료나 기기들이 검사에 혼란이나 오차를 주지 않아야 한다. 냄새를 잘 흡수하거나 쉽게 곰팡이나 먼지가 생길 수 있는 재질은 피한다. 색은 적당히 밝고 안정적이며 평범한 것이 좋다.

CHAPTER 2

식품의 감각적 특성

CHAPTER 2

식품의 감각적 특성

자극은 감각기관에 반응을 일으키는 화학적 또는 물리적 인자이며, 사람의 다섯 가지 감각에 의해 감지되는 감각적 기관은 자극에 대하여 반응하는 수용체(receptor)이다. 식품의 특성인 외형, 맛, 냄새, 조직감, 소리 등은 인체의 감각기관을 통해 인지될 수 있다. 식품의 외형(appearance) 특성은 눈을 통한 시각(vision)이라는 감각기관으로, 냄새(odor) 특성은 코를 통한 후각(olfaction)이라는 감각기관으로 감지된다. 맛(taste) 특성은 입을 통한 미각(gustation)으로, 소리(tone, noise)는 귀를 통한 청각(audition)으로 인지되며, 조직감(texture)은 피부를 통해 촉각(touch)으로 느끼게 되는 접촉 특성이다.

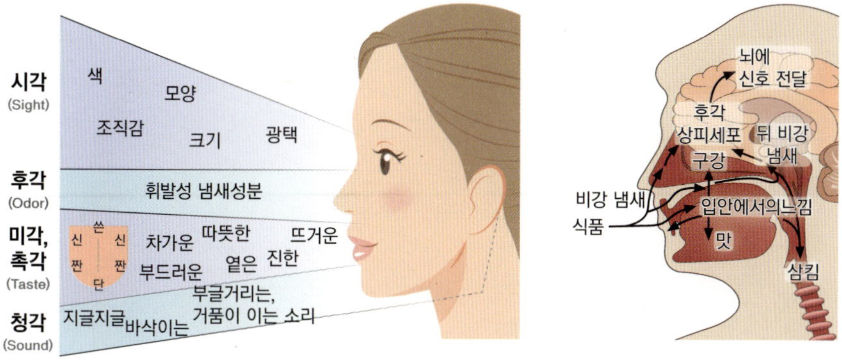

● **그림 2-1** 식품의 감각적 특성 감지와 감각기관

1. 외 관

식품의 외관(appearance), 즉 외형적 특성으로는 형태와 모양(size, shape), 색과 광택(color, gloss), 조밀감(consistency) 등이 있다. 색은 물체로부터 반사된 빛이 감각기관인 눈을 통해 인지된 것이다. 식품의 색은 품질을 결정하는 중요한 요소로 바나나가 익은 정도, 곶감의 말랑말랑한 정도, 커피의 농도, 고기의 익은 정도 등 식품의 성숙도와 부패도를 결정하는 데 도움이 된다. 따라서 식품의 색은 소비자에게 일차적으로 강력한 자극을 주어 제품 선정에 영향을 크게 미치는 요소가 된다.

1) 시각 구조

빛의 복사에너지가 눈의 망막을 자극하면 시신경에 의해 신호가 뇌에 전달되어 사물을 인지할 수 있게 된다. 망막에는 간상세포와 원추세포가 있는데, 간상세포는 약 1억 3천만 개로 밝고 어두운 곳에서 물체를 감지하게 하는 세포이며 원추세포는 6~7백만 개로 물체의 인식을 위해 간상세포에 비해 강한 광선이 필요하고 색을 구별하는 능력이 있는 세포이다.

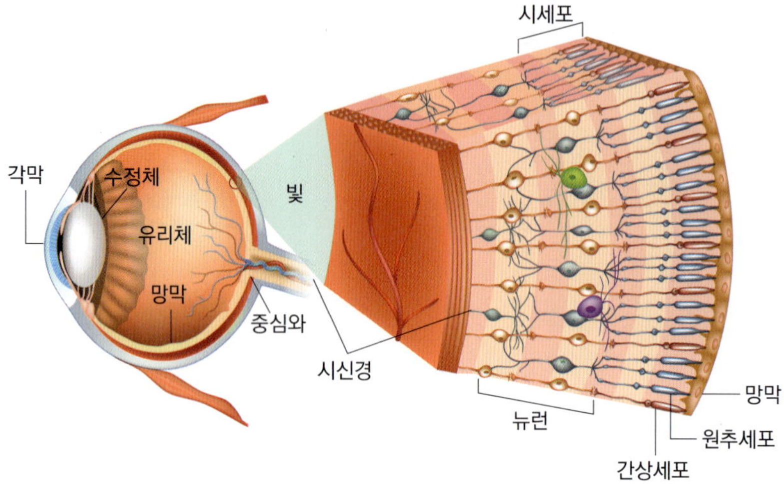

● **그림 2-2** 눈의 구조와 시각신경 전달 경로

2) 빛의 현상

가시광선이 물체에 조사되면 특정 파장의 광선이 흡수되거나 반사되어 색(color)이 되며 물체의 표면구조에 의해 반사하거나 투과되면서 광택(gloss), 탁도(turbidity), 투명도(transparency) 등이 나타나기도 한다. 빛의 반사, 굴절, 투과, 확산, 흡수의 다섯 가지 현상에 의해 식품의 외관이 달라질 수 있다.

(1) 반 사

물체의 표면이 거칠수록 반사는 적게 일어나 광택은 떨어지고, 표면이 매끈하면 반사가 많이 생겨 물체의 광택이 더 나게 된다. 빛의 반사(reflection)에 의해 색(color)도 결정이 나는데 가시광선의 380~780nm 사이에서 파장의 크기에 따라 보라색에서 적색으로 나타난다.

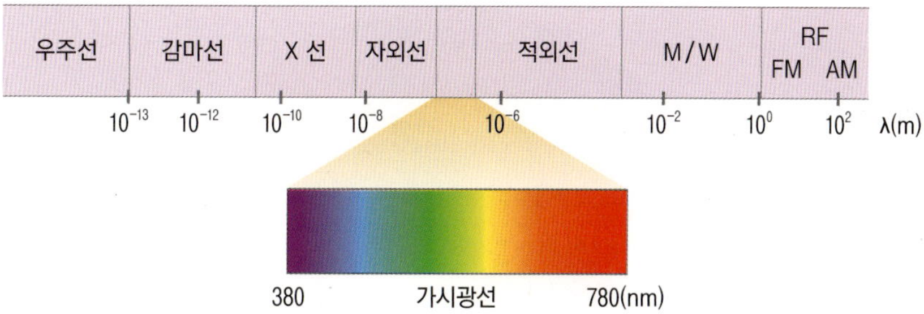

● **그림 2-3** 가시광선

(2) 굴 절

물체의 성질에 따라 굴절률(refractive index)은 달라지며 복합구성체들의 상대굴절률의 차이가 크면 클수록 빛의 분산이 커져 물체의 탁도(turbidity)가 높아진다.

(3) 투 과

물체의 밀도가 낮을수록 빛의 투과성(transmission)은 높아지고 투과성이 클수록 물체의 투명도(transparency)가 증가한다.

(4) 확 산

확산(diffusion)은 빛이 조사된 물체의 성질에 따라 표면 확산과 내부 확산으로 나눌 수 있다. 물체 표면의 입자 크기에 따라 확산 정도가 달라지고 확산의 크기는 입자 지름의 제곱에 반비례하며 확산이 크면 빛의 분산도 커진다. 입자 크기가 0.1μm일 때 빛의 분산이 가장 커지며 입자 크기가 0.1μm보다 커지면 주로 반사나 굴절이 일어난다.

(5) 흡 수

뉴턴(Newton)은 태양광선을 프리즘으로 통과(흡수, absorption)시켰을 때 9종류의 단색 스펙트럼 색깔로 분리된다고 하였으며 **그림 2-4**에 그 색깔들을 분류하였다. 그림에서 점선 부분의 자주는 단색광 스펙트럼에서 얻을 수 없는 비스펙트럼

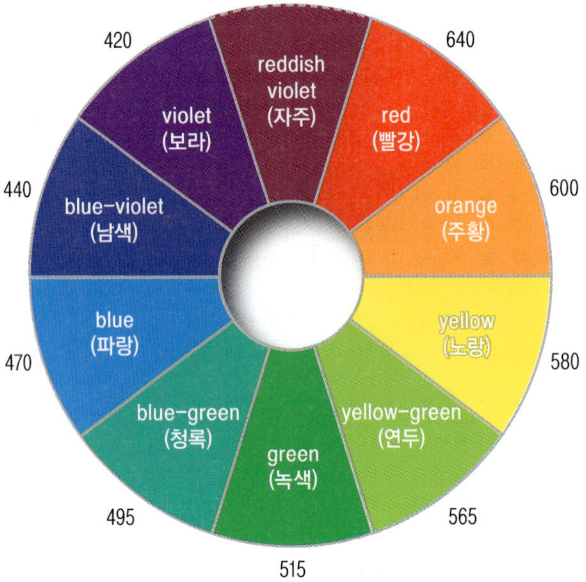

● **그림 2-4** 뉴턴의 색깔원

색이며 둘레의 수치는 각 색깔의 중심파장을 나타낸다. 색깔원에서 서로 마주보고 있는 색은 보색관계에 있고 보색관계의 단색광들을 혼합하면 백색이 보이게 된다.

3) 식품의 색

식품의 색은 소비자가 우선적으로 식품을 선택하는 기준이 되며 식품의 품질을 나타내는 척도이기도 하다. 소비자는 식품의 색을 보고 식품의 성숙도, 변질, 신선도, 저장기간 등을 대략 판단한다. 식품의 색은 화학변화의 정도, 가공 중 열처리 정도, 숙성의 정도 또는 발효의 정도를 판단하는 기준이 되기도 한다. 색은 파장이 380~770nm인 가시광선의 복사에너지가 물질과 접촉하였을 때 반사 또는 흡수되는 정도에 따라 결정된다. 색의 3속성에는 명도, 색상, 채도가 있다.

(1) 명 도

명도(lightness)는 색의 밝고 어두운 정도이며 파장의 종류와 관계없이 조사되는 빛이 반사되는 전반적 정도이다. 유채색은 색의 3속성을 모두 갖고 있으나 무채색은 명도만 갖고 있다. 조사되는 빛을 전부 반사하면 백색, 전부 흡수하면 흑색, 전 파장에 걸쳐 고루 반사하면 회색이 된다.

(2) 색 상

색상(hue)은 명도, 채도와 함께 색의 3속성 중 하나이다. 색상은 빨강, 파랑과 같이 구분 지어 불리며 흔히 '밝은 빨강'이나 '어두운 파랑'과 같이 명도와 채도를 설명하는 낱말과 같이 표현한다. 물체가 특정 파장의 복사에너지를 선택적으로 반사하면, 특정 색을 띠게 되는데, 이것을 물리적으로는 지배 파장(dominant wavelength)이라 하고, 심리적으로는 색상이라고 한다. 복사에너지가 400~500nm 범위의 파장에서 주로 반사되면 물체가 청색을 띠게 되고, 600~700nm 부근에서 반사되면 적색을 나타내게 된다.

(3) 채 도

채도(chroma)란 색의 맑고 탁한 정도로, 채도가 가장 높은 색은 순색이다. 선명한 색일수록 채도가 높고 다른 색이 섞여 탁해질수록 채도는 낮아진다. 전체 반사광 중에서 특정 파장의 빛이 반사되는 양을 물리적으로 순도(purity)라 하며, 심리적으로는 강도(strength) 또는 채도(chroma)라고 한다.

4) 색체계

색은 종류가 많고 복잡하여 말이나 글로 표시하기가 매우 어렵다. 색을 체계적으로 분류한 것을 색체계(color system) 또는 색입체(color solid)라고 한다. 색체계는 감각적으로 인식하는 색의 종류와 강도를 정성적으로 분류하고 정량적으로 수치화하여 색을 객관적, 체계적으로 분류한 것이다. 국제조명위원회(CIE)의 표준 색체계, 맥스웰(Maxwell)의 RGB체계, 먼셀(Munsell) 색체계, 헌터(Hunter) 색체계가 알려져 있다. 식품 감각평가에서는 주로 헌터색체계의 기계적 수치와 상관관계를 보고하는 경우가 많다.

CIE 표준 색체계는 인간의 눈의 감각을 바탕으로 3원색을 배합하여 색을 재현하며, x, y, z의 3자 극치로 색을 표현한다. 측정을 위해 분광광도계가 필요하며, 측정과 계산이 복잡하여 일상적 품질관리에 적용되기 어렵다.

맥스웰의 RGB체계는 빨강(red), 녹색(green), 파랑(blue)의 세 변으로 하는 삼각형 안에 모든 색을 CIE의 표준 색체계를 바탕으로 표현한 색체계이다.

먼셀 색체계는 색상, 명도, 채도의 세 가지 특성으로 HV/C의 형태로 색을 표현한다. 육안으로 식품의 색과 먼셀 색체계를 비교하여 HV/C의 색의 번호와 기호로 표시한다. 다섯 가지 기본색은 빨강(red), 노랑(yellow), 녹색(green), 파랑(blue), 보라(purple)이며 다섯 가지 중간색은 노랑-빨강, 녹색-노랑, 파랑-녹색, 보라-파랑, 빨강-보라이다. 명도에서 검정은 0으로 표현하고 숫자가 높아질수록 점점 밝아져서 흰색은 10으로 나타낸다. 채도에서 무색은 0으로, 채색은 숫자 10까지로 표시한다.

헌터 색체계는 CIE 색체계와 먼셀 색체계의 단점을 보완한 색체계로, 시료의 세 가지 색요소인 L, a, b값을 측정하여 표시하는 방법이다. 명도는 L값, 색상은 a값, 채도는 b값으로 나타낸다. **그림 2-5** 와 같이 수직축인 L값은 흑색의 0에서 백

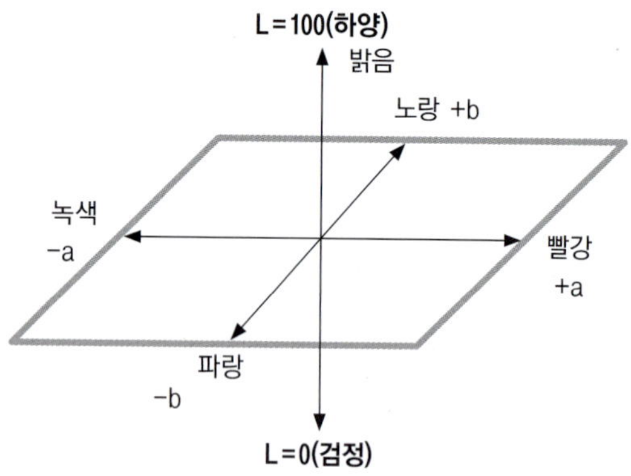

그림 2-5 헌터(Hunter)의 L, a, b 색체계

● **표 2-1** 색차지수값(ΔE)의 평가

색차지수(ΔE)	평가
0~0.5	거의 색차가 없음
0.5~1.5	차이가 매우 근소함
1.5~3.0	감지가 가능한 정도의 차이
3.0~6.0	색의 차이가 현저함
6.0~12.0	색의 차이가 매우 현저함
12 이상	다른 계통의 색으로 판단함

색의 100까지 표현된다. 두 개의 수평축 a값과 b값에서 적색도는 +a 방향으로, 녹색도는 -a 방향으로 표현하며, 황색도는 +b 방향으로, 청색도는 -b 방향으로 나타낸다. 또한 수평축은 각 방향으로 넓게 벌어질수록 색도가 높아지고, 중앙으로 가까워질수록 무채색이 되며, 혼합색은 a, b값의 비로 나타낼 수 있다.

색차지수(ΔE)란 L×a×b 공간에 걸려 있는 3개의 지각색을 대표하는 각 두 점 간의 직선거리로, $\Delta E=[(\Delta L)^2+(\Delta a)^2+(\Delta b)^2]^{1/2}$로 계산하여 표현된다.

2. 향 미

식품의 향미(flavor)는 맛(tastes), 향(aromatics) 또는 냄새(odors), 입안에서의 느낌(mouthfeels)의 화학적 감각요소로 구분된다.

1) 향 또는 냄새

(1) 후각구조

좋은 냄새를 내는 식품은 먹는 사람에게 큰 즐거움을 준다. 냄새는 후각으로 감지되는 화학적 감각으로, 식품의 휘발성 성분에 의하여 나타난다. 후각은 콧속의 윗

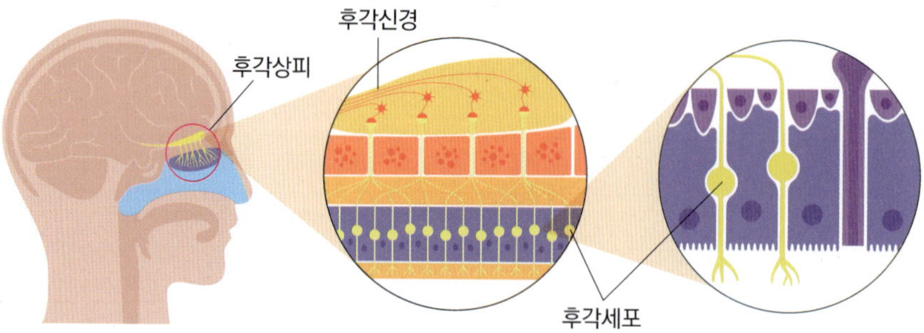

● **그림 2-6** 후각 구조

부분에 있는 1,000만~2,000만 개의 후각상피 세포에서의 신호가 뇌에 전달되어 감지된다.

냄새를 감지하려면 냄새를 갖는 물질은 휘발성이어야 하며 후각의 점막 세포에 녹거나 확산되어 섬모에 접촉되어야 한다. 후각은 아주 낮은 농도에서도 감지된다는 특징이 있다. 최저감응농도의 범위는 10^{-11}~10^{-3}mole로 넓으며 사람마다 108배 이상까지 다르게 나타난다. 후각은 다른 감각기관에 비해 예민하나 쉽게 피로해져 둔화 현상이 나타난다.

후각으로 구별이 가능한 냄새는 약 16만 종이나 되지만 표현할 수 있는 용어가 매우 제한적이며 부적합하다. 또한 한 번 맡은 냄새는 기억할 수 있으나, 냄새 성분은 맛 성분과 같이 원향(primary scent)의 개념이 확실하지 않다. 대개 화학구조가 비슷하면 비슷한 냄새를 내지만 전혀 다른 화합물이 비슷한 냄새를 내거나 비슷한 화합물이 전혀 다른 냄새를 내기도 하므로 냄새의 화학적 종류를 예측하기 어렵다.

(2) 향 또는 냄새의 분류

크로커와 헨델슨(Crocker and Henderson, 1927)은 냄새의 기본요소를 꽃향(fragrant), 산 냄새(acid), 썩은 냄새(caprylic), 탄 냄새(burnt)의 네 가지로 분류하였다. 헤닝(Henning, 1924)은 냄새 프리즘(olfactory prism)에서 냄새를 꽃향, 향신료향, 과일향,

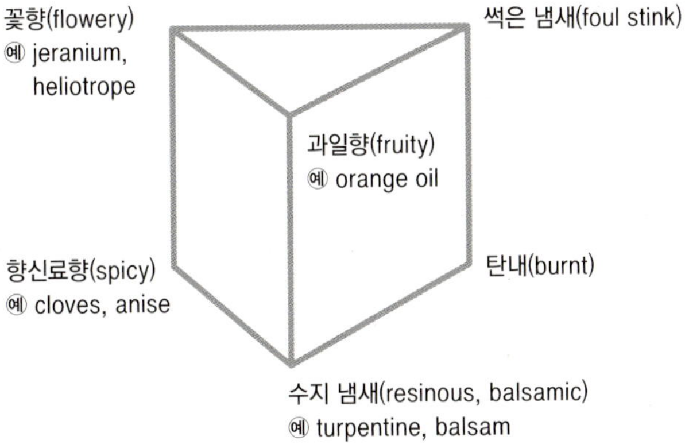

그림 2-7 헤닝의 냄새 프리즘

수지 냄새, 썩은 냄새, 탄 냄새의 여섯 가지로 분류하였다.

(3) 향 또는 냄새의 한계값

향 또는 냄새의 한계값은 화합물의 순도에 크게 영향을 받으므로 순도의 유지가 필수적이다. 향 또는 냄새 화합물의 농도가 증가하는 순서로 제시되거나 외적 변수로 흡인된 공기의 흐름이나 속도가 클 때는 한계값이 낮아지나, 지속적인 소음은 한계값을 높인다. 개인에 따라 예민도가 달라지나 훈련도 중요한 역할을 하며 오전에는 예민도가 증가하고 오후에는 감소한다. 타닌산, 타타르산, 아세트산 등의 산들은 식사 후 후각의 예민도가 감소하는 것을 방지한다.

표 2-2 향 또는 냄새의 감지능 평가표의 예

이름 :	날짜 :
제시된 시료의 향을 평가한 후에 향의 이름을 아래의 칸에 표시하십시오. 제시된 시료의 이름이 만약 커피향인 경우, 커피향이라고 답했으면 5점, 볶은 고소한 맛이라고 답했으면 3점, 틀렸을 경우 0점으로 표시하십시오.	

시료 번호	평가자가 감지한 향의 이름	정답	점수
1			
2			
3			
4			
5			
6			
총점			

(4) 향 또는 냄새의 둔화 현상

향 또는 냄새에 대한 적응, 둔화, 피로는 동일한 의미이며, 후각기관이 계속해서 자극을 받으면 감각이 둔화하여 향 또는 냄새를 더는 감지할 수 없게 되는 현상을 가리킨다. 둔화율은 코에서의 증기압 및 분자의 농도에 비례하며, 자극의 강도가 커질수록 증가한다. 둔화를 일으킨 냄새 혹은 향은 한계값을 증가시켜 예민도가 낮아지게 된다. 즉, 둔화에서 회복된 후의 한계값은 둔화 현상을 일으킨 향이

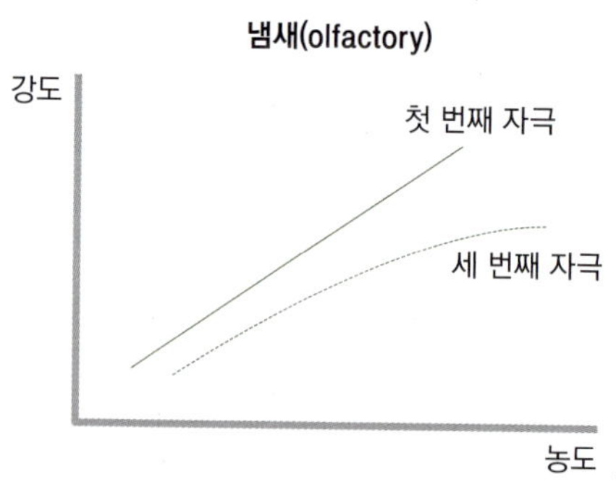

그림 2-8 냄새 화합물의 농도에 따른 자극의 강도

나 냄새의 양과 관계가 있다. 여러 가지 냄새에 대한 전체적인 둔화 현상은 냄새가 비슷하고 쉽게 잘 섞여서 혼합될 때 더 잘 나타난다.

2) 맛

(1) 맛의 감각구조

맛(taste)은 입안에서 수용성 자극물질에 의해 느껴지는 미각이며, 인체 내에서 맛 수용체는 주로 혀의 표면에 존재하지만 구강, 식도, 후두 등에도 약간 분포되어 있다. 또한 맛이란 심리적으로 느껴지는 현상이기도 하여 물질의 물리·화학적 성질에 따라 심리물리적 관점과 신경 전달기구의 상호작용으로 분석할 필요가 있다. 혀에는 네 가지 종류의 혀유두(lingual papillae)가 존재한다. 혀유두는 혀의 등쪽면에 분포하는 작게 튀어나온 부분들인데, 이곳에는 미각세포 혹은 맛세포인 미뢰(taste bud)가 있다. 맛을 내는 물질이 미뢰에 접촉하면 자극이 뇌에 전달되어 맛을 느끼게 된다.

미뢰인 미각세포의 숫자는 약 9~10만 개로, 약 30일마다 재생되며 나이가 들거나 몸의 영양상태가 불량하면 숫자가 감소한다. 미뢰가 감지하는 맛은 단맛, 짠맛, 신맛, 쓴맛의 네 가지 기본맛이며 감칠맛과 지방의 맛도 감지할 수 있다.

표 2-3 혀유두의 종류

구분	특징
성곽유두 (배상유두; vallate papillae)	• 혀의 안면에 위치한 시옷자 모양의 8~12개의 혀유두로, 크기가 가장 크다. • 미뢰가 존재한다.
엽상유두 (잎새유두; foliate papillae)	• 혀의 옆쪽 주름에 있다. • 미뢰가 존재한다.
실유두 (모상유두, 사상유두; filiform papillae)	• 혀의 옆쪽에 있으나 미뢰가 존재하지 않는다. • 혀유두 중에 가장 수가 많다. • 감촉을 느끼는 유두이다.
버섯유두 (용상유두; fungiform papillae)	• 혀의 앞쪽에 위치하며 실유두 다음으로 수가 많다. • 미뢰가 존재한다.

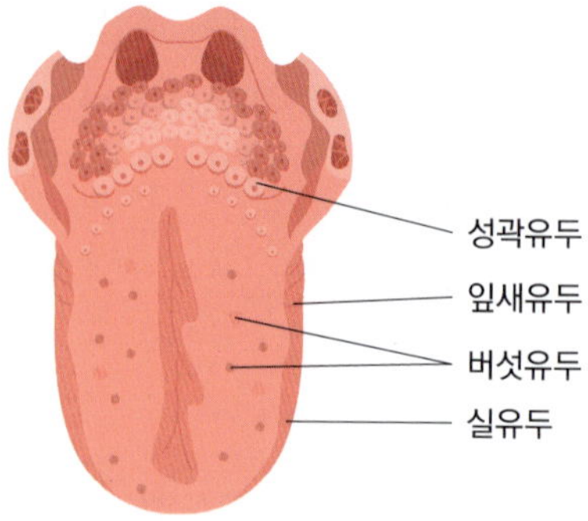

● **그림 2-9** 혀의 유두

(2) 기본맛

❶ 단 맛

단맛(sweet taste)을 내는 물질로는 당류, 당알코올류, 아미노산, 설탕 및 천연감미료, 합성물질 등이 있다 **표 2-4**. 단맛을 내는 물질은 분자 내에 OH기(AH)를 지니고 있으며, 수용체(B)에 수소결합을 통해 결합이 이루어지면 자극에 대한 신호가 뇌에 전달되어 단맛을 느끼게 된다(AH-B theory).

❷ 짠 맛

일반적으로 양이온과 음이온이 결합한 중성염이 짠맛(salt taste)을 낸다. 소금(NaCl)이 가장 순수한 짠맛이다. 양이온인 나트륨이 음이온과 결합하여 짠맛을 내는데, 강도는 SO_4^{-2} > Cl^- > Br^- > I^- > HCO_3^- > NO_3^-의 순이다. 그러나 NaCl 외의 염은 짠맛 외에 쓴맛 등의 복합적인 맛을 낸다. 또한 음이온은 분자가 클수록 짠맛과 쓴맛이 강해진다. 양이온 중 K^+도 음이온과 결합 시 짠맛을 내나, 쓴맛도 함께 낸다. KCl은 NaCl의 대체염으로 저염 제품에 사용된다.

❸ 신 맛

기본맛에서 가장 순수한 맛은 신맛(sour taste)이라 알려져 있다. 산 용액 내의 수소이온[H^+]에 의해 신맛이 난다. 그러나 수소이온 농도와 신맛의 강도가 반드시 일

● **표 2-4** 단맛의 종류

종류	특징
당류	• 단당류, 이당류 등이 단맛을 낸다. • 상대 감미도는 과당>설탕>포도당>맥아당>갈락토오스>유당의 순이다.
당알코올류	• 글리세롤, 에리트리톨, 자일리톨, 솔비톨, 만니톨, 둘시톨 등이 있다. • 상대 감미도는 50% 이하이다.
아미노산	• 글리신, 알라닌, 프롤린, 로이신 등의 아미노산류가 있다. • 약하지만 단맛을 나타낸다.
천연 설탕대체 감미료	• 스테비오사이드(stevioside) : 남아메리카 파라과이가 원산지인 국화과 여러해살이풀인 스테비아의 잎에 함유된 배당체 화합물로, 설탕의 약 300배의 단맛을 낸다. • 커큘린(curculin) : 서부 말레이시아에 자생하는 식물의 열매에 함유된 단백질성 감미료로, 설탕의 500배 단맛을 낸다. • 물엿 : 조청이라고도 하며 식혜를 가열·농축하여 제조한다. 맥아당의 단맛이며 함유 올리고당의 총합을 덱스트린이라 한다. 소화가 잘되고 고칼로리이다. • 메이플 시럽(maple syrup) : 단풍나무 수액을 가열·농축하여 제조하며 고열량이다. • 특수올리고당 : 유산균의 먹이가 되는 프리바이오틱스로 효소를 이용하여 프락토올리고당으로 제조하며 사람에게는 소화능력이 없다.
합성감미료	• 사카린(설탕의 약 500배 : 농도가 높으면 쓴맛을 냄), 아스파탐(설탕의 약 200배), 수크랄로스(설탕의 약 600배), 아세설팜 K(설탕의 약 200배) • 알룰로스 : 정확한 명칭은 사이코스이며 특수당으로 천연에 극소량 존재하나 과당과 합성하여 인공적으로 만들며 설탕의 약 70% 단맛을 내고 칼로리는 설탕의 5%이다. • 타가토스 : 알룰로스와 비슷한 특성이 있고 갈락토스를 효소반응으로 제조한다.

치하는 것은 아니다. 동일한 몰수라면 강산이 더 시게 느껴지지만, 동일한 수소이온 농도에서는 약산이 강산보다 신맛이 더 강하게 느껴진다. 약산은 더 많은 몰수의 산을 녹여야 동일한 수소이온 농도에 도달하게 되는데, 이때 해리된 수소이온 농도뿐 아니라 해리되지 않고 남아 있는 산의 염이 존재하기 때문이다. 따라서 신맛의 강도는 수소이온 농도보다는 총 산도에 의한다.

❹ 쓴 맛

담즙산염, 배당체, 알칼로이드 등이 쓴맛(bitter taste)을 나타내며, 이들은 화학적으로 염기성이다. 쓴맛은 일반적으로 다른 맛에 비해 낮은 농도에서 감지된다. 쓴맛의 기준물질인 퀴닌은 0.0016%에서도 감지할 수 있다. 쓴맛 수용체는 개인에 따라 발현되는 정도가 다른데, 그 이유는 야생에서 쓴맛이 나는 독성 있는 식물을

● **표 2-5** 쓴맛의 종류

구분	종류
알칼로이드	카페인, 퀴닌, 니코틴
무기염류	K^{+}, Ca^{++}, Mg^{++}
배당체	나린진(감귤류에 속하는 자몽에 들어 있으며 퀴닌보다 더 쓴맛을 냄)

아주 조금만 맛보고 뱉어내고 피하게 되는 것처럼 생존을 위해 쓴맛을 피하는 게 중요했기 때문일 것으로 추측한다. 어린아이가 쓴맛에 둔감하다면 무엇이든 입에 넣고 삼킬 위험이 있을 텐데, 쓴맛에 민감하기 때문에 아이들이 여러 번 경험하여 익숙해지기 전까지는 채소를 싫어하는 현상이 큰 것으로 보인다.

(3) 맛의 강도

단맛, 짠맛, 신맛, 쓴맛에 대한 상대적 강도는 표 2-6과 같다.

맛의 강도는 식품의 물리적 상태, 점성, 용해도 등에 따라 영향을 받는다. 맛 성분은 물리적 상태로 보면 액상 > 거품 > 겔상의 순으로 감지가 용이하다. 용액의 점성이 높으면 수용성 물질이 미각기관으로 확산하는 것을 방해한다. 따라서 검(gum) 물질처럼 점성이 높으면 수용성 물질이 미각기관에 잘 도달하지 않는다. 또한 지방에 대한 용해도가 크면 맛의 강도는 작아진다.

(4) 맛의 감지

4원미 중 단맛이 가장 높은 농도에서 감지되며, 그 다음은 짠맛, 신맛, 쓴맛의 순서로 감지된다. 쓴맛은 가장 적은 농도에서도 감지가 되는데, 쓴맛을 갖는 독 성분은 인간이 태어날 때부터 감지할 수 있는 원초적 맛이기도 하다. 나이가 들수록 미각세포의 생성이 늦어져 맛감각이 둔화되며, 일반적으로 여성이 남성보다 맛감각이 더 발달되어 있다. 미각세포가 특히 많고 더 발달하여 다른 사람보다 더 맛을 잘 느끼는 사람들도 있는데, 이들을 슈퍼테이스터(super taster)라고 하며 전체 인구의 약 25% 정도이다. 슈퍼테이스터들은 채소 등의 쓴맛이나 자극적인 맛을 특

● **표 2-6** 단맛, 짠맛, 신맛, 쓴맛에 대한 상대적 강도

구분	성분	상대적 강도
단맛(sweet)	sucrose	1
	saccharrin	500
	aspartame	200
	sucronic acid	200,000
	fructose	1~1.7
	glucose	0.5~0.8
	maltose	0.3~0.6
	lactose	0.2~0.6
	alanine	1.3
짠맛(salty)	NaCl	1
	sodium fluoride	2
	calcium chloride	1
	sodium iodide	0.35
	lithium chloride	0.4
	ammonium chloride	2.5
	potassium chloride	0.6
신맛(sour)	hydrochloric acid	1
	formic acid	1.1
	lactic acid	0.85
	malic acid	0.6
	acetic acid	0.55
	citric acid	0.46
쓴맛(bitter)	quinine	11
	denatonium	1
	caffeine	0.4
	morphine	0.02

표 2-7 맛의 감지능 평가표의 예

이름 :	날짜 :
제시된 용액의 맛을 평가한 다음 맛의 이름을 아래의 칸에 표시하십시오. 제시한 시료의 이름이 만약 설탕 용액일 경우, 설탕이라고 답했으면 5점, 단맛이라고 했으면 3점, 틀렸으면 0점으로 표시하십시오. 용액은 순서 없이 평가하고, 각각 용액을 맛본 후에는 반드시 입안을 물로 행군 후에 평가하십시오.	
실험실 온도 :	

시료 번호	평가자가 감지한 맛의 이름	정답	점수
1			
2			
3			
4			
5			
6			
총점			

히 더 감지하는 경향이 있고 편식할 가능성이 있다. 온도에 따라서도 맛을 느끼는 강도가 다르며, 질병이 있는 사람들은 미각세포인 미뢰의 감소로 인하여 맛감각이 저하된다. 특히 항암치료, 당뇨병, 치과 질환이 있는 경우 정상인과 매우 다르게 맛을 감지한다. 침 속에 존재하는 당분이나 효소 등의 농도는 사람마다 달라서 각 사람이 맛을 느끼는 차이가 생긴다. 기본맛의 감지 강도는 온도에 따라 다른데, 설탕은 35~50℃에서 가장 잘 느껴지고 온도가 상승할수록 단맛은 더 강하게 느껴진다. 짠맛은 18~35℃에서 잘 느껴지며 온도가 상승하면 짠맛의 강도는 약해진다. 쓴맛을 내는 퀴닌은 10℃에서 잘 느껴지며, 온도가 높아지면 약하게 느껴진다. 사용한 물질의 종류, 온도, 농도뿐 아니라 감각기관의 온도도 영향을 미친다.

(5) 맛의 상호작용

식품에는 두 가지 이상의 맛 성분이 함께 존재하기도 한다. 맛이 혼합되었을 때 맛의 상호작용은 매우 복잡하여 농도, 적용 방법 등에 따라 맛이 감소 또는 증가

● **표 2-8** 맛의 상호작용

강한 맛+약한 맛	맛의 상호작용	예
설탕+소금	단맛 증가	단팥죽, 팥고물
설탕+사카린	단맛 증가	분말 주스
설탕+구연산	단맛 증가	시판 주스
소금물+산	짠맛 감소	김치
소금물+설탕	짠맛 감소	고기 양념
산+설탕	신맛 감소	과즙
산+소금물	신맛 감소	소스
쓴맛+설탕	쓴맛 감소	커피
MSG+소금	감칠맛 증가	국(탕)

한다. 강한 기본맛에 약한 다른 맛을 혼합하면 강한 맛이 더 증가하거나 감소하는 현상이 나타난다.

(6) 맛의 둔화 현상

미각은 한 가지 맛에 오래 접촉할 경우 맛의 감도가 약화되는 현상을 보이는데, 이를 '맛의 둔화 현상'이라 한다. 단맛을 내는 감미료들은 만났을 때 서로 감도를 줄이기도 하고 줄이지 않기도 하는데, 설탕과 사카린은 서로 맛의 감지 정도를 둔화시키지 않는다. 짠맛은 한 가지 염에 대한 둔화가 다른 염에 대한 감지 정도에 영향을 주지 않는다. 신맛은 한 가지 산에 적응하면 다른 산에 대한 감지 정도가 감소한다. 친화력이 큰 쓴맛은 개인차에 따라 느끼는 정도의 차이도 크지만 입안에 비교적 오래 남는다.

(7) 맛의 강화 현상

한 자극에 대하여 둔화한 상태에서 다른 자극을 받으면 나타나는 현상이다. 소금의 맛에 둔화한 상태에서 신맛을 맛보게 되면 더 강한 신맛을 느끼게 된다.

3) 입안에서의 느낌

음식이 입에 들어갔을 때 입안 전체에 감지되는 느낌(mouthfeels)으로는 3차 신경 감각(trigeminal sensation), 온도, 촉감 등이 있다. 통각에 속하는 감각을 일으키는 물질은 고추, 후추, 겨자, 생강, 멘톨 등이며, 이들로부터 아린(pungent), 입안이 화한(burn), 매운(hot), 얼얼한(heat, cold) 등으로 표현되는 느낌이 느껴진다. 이러한 물질의 화학 구조상 일반적 특징은 없으나 대부분 점막을 통하지 않고 느껴지며 자극의 강도가 맛이나 냄새보다 더 강하여 한계값이 낮다. 매운맛은 입과 코에 있는 아픔을 느끼는 3차 신경을 통한 감각이다. 전달되는 속도가 맛과 냄새보다 느려 감각평가 시 세 번 정도 씹거나 맛을 본 후에 평가하는 것이 정확하다. 예를 들어, 매운 음식을 먹었을 때 매운맛은 먹은 직후보다 조금 지난 후에 더욱 강하게 느껴진다 그림 2-10.

음식마다 맛이 잘 느껴지는 온도가 다르나 대체로 음식의 맛은 20~30℃에서 종합적으로 잘 감지된다. 음식을 먹었을 때 혀와 입안 전체에서 음식이 접촉되면서 느끼는 감각을 촉감이라고 하며, 촉감에는 조직감, 질감, 수렴성, 조밀감 등이 있다.

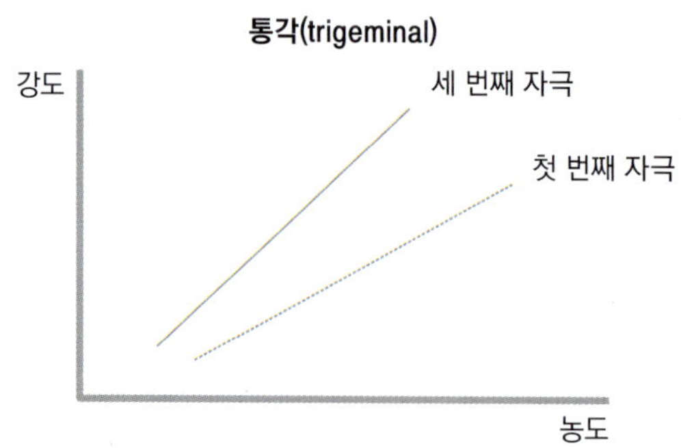

그림 2-10 매운 냄새의 농도에 따른 통각의 강도

3. 조직감

식품의 조직감(texture)은 색이나 맛과 달리 단순한 감각이 아니고 복잡하다. 조직감에 관련된 감각으로는 입안에서의 촉각과 온도 감각, 통각 등이 있으며, 음식을 씹을 때는 치아의 근육운동과 촉각뿐 아니라 청각도 관여하게 된다. 식품의 조직감은 인간의 감각으로 평가가 가능하여 객관적인 평가를 정립시킨 예가 있다. 미국의 씨즈니엑(Szczesniak)은 1963년 세계 최초로 식감에 관한 용어를 정리하여 객관적으로 평가되는 물리적 성질에 대응시킨 바 있다. 그에 의하면 조직감은 '식품의 구성요소가 가지는 물리 · 구조적 특징인 유체변형성(rheological property)에 경험과 생리적 감각이라는 여러 요소가 복잡하게 작용하는 것인데, 이를 심리적 작용으로 감지하는 것'이라고 정의된다. 크레이머(Kramer)는 1973년에 '조직감이란 촉감에 관계되는 식품의 세 가지 기본적 감각특성의 한 종류이며 질량이나 힘의 기본단위로 표시할 수 있는 기계적 방법으로 정확하고 객관적으로 측정이 가능한 특성'이라고 하였다. 국제 표준 기구에서는 조직감을 '기계적 촉각, 혹은 시각과 청각의 감각기관에 의하여 감지할 수 있는 식품의 모든 물성학적 및 구조적 특성'이라고 정의하였다.

이와 같이 식품의 조직감은 넓은 의미로 유체 및 반유체, 식품의 흐르는 성질, 고체 및 반고체 식품의 변형성을 포함하는 광범위한 감각적 특성이다. 식품을 씹어서 먹을 때 생기는 식품과 타액의 혼합과 상호작용 때문에 생기는 여러 가지 식품의 변형 특성을 조직감으로 표현하며, 이는 유변학(rheology)의 한 분야로 연구되고 있다. 유변학은 연구 초기에는 변형(deformation)과 흐름(flow)에만 한정되었으나, 최근에는 힘에 대한 물질의 반응 분야로 확대하여 연구되고 있다.

1) 조직감의 분류

조직감은 크게 역학 특성인 기계적 특성, 기하학적 특성, 촉감적 특성, 식감적 특성 등으로 분류한다.

(1) 기계적(역학) 특성

기계적 특성은 기본 특성인 1차적 특성과 기본 특성들이 복합적으로 작용하여 생기는 2차적 특성으로 분류한다 표 2-9.

(2) 기하학적 특성

식품의 기하학적 특성은 촉감에 관련된 특성이다. 밀가루 입자같이 식품구조 입자의 크기와 모양에 따라 나타나는 특성과 섬유질같이 식품구조성분의 배열로 나타나는 특성이 있다 표 2-10.

(3) 기타 조직감 특성

식품의 조직감을 나타내는 기타 특성으로는 촉감적 특성, 식감적 특성 등을 들 수 있다. 촉감적 특성은 식품의 수분 함량이나 기름진 맛 등에 영향을 받는 특성

표 2-9 조직감의 기계적 특성

특성		정의
1차적 특성	경도(hardness)	물질을 압축하여 변형시킬 때 필요한 힘
	응집성(cohesiveness)	식품의 형태를 구성하는 내부적 결합에 관여하는 힘(케이크나 식빵보다 캐러멜이나 찹쌀떡의 응집성이 큼)
	점성(viscosity)	유동체에 외부로부터 힘을 가하였을 때 나타나는 층밀림에 대한 내부저항
	탄성(elasticity)	물체에 외부로부터 힘을 가하였을 때 생긴 변형에 대하여, 그 힘의 제거 시 힘이 가해지기 전의 원상태로 회복되는 특성. 회복되는 정도 혹은 시간으로 측정 가능(빵과 밀가루 반죽 등)
	부착성(adhesiveness)	식품의 표면과 타 물체의 표면이 부착된 인력을 분리하는 데 필요한 힘(사탕은 부착성이 크고, 사과는 적음)
2차적 특성	부서짐성(brittleness)	식품을 부수는 데 필요한 힘·경도와 응집성이 크면 부서짐성이 증가함
	씹힘성(chewiness)	고체 식품을 삼킬 수 있을 정도로 씹는 데 필요한 힘·응집성과 탄력성이 복합 작용함(섬유질 식품 및 육류 등)
	검성(gumminess)	반고체 식품을 삼킬 수 있는 상태까지 씹는 데 필요한 힘·경도와 응집성이 복합 작용함

표 2-10 조직감의 기하학적 특성

특성		정의
입자의 모양 및 크기	분말상(powdery)	비교적 균일하고 고운 입자 모양
	과립상(grainy)	쌀, 보리 등과 같이 비교적 큰 입자 모양
	모래 모양(gritty)	석세포와 같이 거친 촉감
	거친 모양(coarse)	큰 입자와 작은 입자가 섞인 상태
	덩어리 모양(lumpy)	작은 입자들이 모여 큰 덩어리를 형성한 모양
성분의 크기 및 배열	박편상(flaky)	피자 크러스트처럼 납작한 모양
	섬유질상(fibrous)	셀러리, 배추 등 섬유질이 일정한 방향으로 배열된 상태
	펄프상(pulpy)	부드러운 복숭아, 연시 등의 과육 부분의 실 같은 상태
	기포상(aerated)	조직 내 작은 기포가 많이 함유된 모양
	팽화상(puffy)	팝콘과 유과의 내부 조직처럼 조직이 팽화된 상태
	결정상(crystalline)	설탕, 소금과 같은 구조적 결정 모양

이다. 대부분 조직감은 입이나 입술로 평가되나 손가락이나 손바닥으로 느낄 수도 있다. 예를 들어, 과일의 익은 정도나 다즙성은 엄지와 검지로 눌러 판단하기도 한다. 촉감적 특성에는 건조함(driness), 촉촉함(moistness), 걸쭉함(thickness), 묽음(thinness), 기름기(greasiness) 등이 있다.

식감을 나타내는 특성을 '바삭한'이나 '아삭한'이라고 표현하면 식재료가 신선하여 씹을 때 그 식감이 양호함을 나타낸다. 가벼운 시폰케이크가 말랑말랑하다고 하면 케이크의 부드럽고 고급진 식감을 연상하게 되고, 양상추나 사과 등이 아삭아삭하다고 하면 상큼한 맛있는 맛이 날 거라고 생각하게 된다. 이와 같이 조직감의 일부인 식감은 음식이나 식품의 맛있음을 판단하는 중요한 요소로서, 표현되는 용어만 들어도 사람들은 어떠한 식감인가를 파악하고 이미지화하여 먹어 보지 않아도 맛있게 느낀다. 식감은 식품의 맛과 품질에 크게 영향을 주기 때문에 식품제조사와 연구자들은 식감에 대한 관심이 높다. 식감평가는 인간의 감각에 기초를 둔 감각평가로 행해지는 경우가 많은데, 식품의 조직감은 물리적 성질인

● **표 2-11** 조직감의 식감 표현용어와 관련 식품

분류	고형(solid)	반고형(semi-solid)	액상(liquid)
일반적인 조직감의 식감 표현	• 부서지기 쉬운 • 분말상의 • 건조한 • 끈적끈적한 • 질긴 • 말랑말랑한 • 부드러운 • 바삭바삭한 • 아삭아삭한 • 고무상의 • 스펀지의 • 매끄러운 • 껄끄러운	• 풀상의 • 가루상의 • 응집성의 • 눅눅한 • 건조한 • 끈적끈적한 • 덩어리상의	• 묽은 • 수용액상의 • 점성의 • 크림상의 • 기름진 • 끈적끈적한
적용식품	과일, 초콜릿, 쿠키, 아이스크림, 빙수, 콘플레이크, 감자칩, 육류, 빵류, 케이크류, 버터, 마가린, 푸딩, 젤리 등	가공치즈, 케이크, 요구르트, 반죽, 으깬 감자, 고지방 크림, 소시지육 등	녹은 아이스크림과 빙수, 마요네즈, 샐러드드레싱, 음료, 수프 등

구성성분, 구조, 점성, 점조성과 감각적 성질인 맛, 향, 색 등이 복합적으로 관여하므로 간단히 표현할 수는 없다. 셔먼(Sherman)은 식품을 입에 넣어 먹을 때까지의 섭식행동에 대한 단계적인 식감평가를 정리하였다.

2) 조직감을 구성하는 감각적 특성과 일반 용어

조직감은 식품의 구조로부터 생기는 일련의 물리적 특성이며 그중 기계적 또는 물성학적인 특성을 띠는데, 단일 성질이 아닌 여러 성질의 상호작용으로 구성되어 있다. 식품의 조직감 특성은 주로 입안에서 촉감으로 감지되나, 손과 같이 신체의 다른 부분으로도 감지할 수 있으며 향미와 같은 화학적 감각과는 관련이 없다. 객관적 측정은 질량, 거리 및 시간의 함수로 이루어진다. 조직감과 관련된 감각적 특성은 입안에서의 감각으로서 풍부한 바디감, 가루상 등의 일반 소비자 용어로 표현되기도 한다.

● **표 2-12 식품의 조직감을 구성하는 감각특성과 일반 용어**

분류	1차 특성	2차 특성	일반 소비자 용어
역학 특성 (기계적 특성)	경도	–	부드러운 → 단단한 → 딱딱한
	응집성	부서짐성	바슬바슬한 → 바삭바삭한 → 부서지기 쉬운
		씹힘성	연한 → 질긴
		검성	푸석푸석한 → 풀 같은 → 검 같은
	점성	–	찰기 없는 → 끈끈한
	탄성	–	소성이 있는 → 탄력이 있는
	부착성	–	진득거린 → 찐득찐득한 → 끈적끈적한
기하학적 특성	입자의 모양 및 크기	–	모래알 모양, 입상, 조입상, 가루상
	성분의 크기 및 배열	–	섬유상, 세포상, 결정상
적용식품	수분함량	–	마른 → 습기 있는 → 물기 있는 → 젖은
	지방함량	유상	oily
		그리스상	greasy

3) 조직감의 기계적 측정과 감각평가와의 분석

식품의 조직감에 대해 기계적 측정(rheometer)을 하면 객관적이기는 하나, 직접 음식을 섭취하는 사람들에 의한 감각과는 차이가 있을 수 있고 실제로 기기보다 사람들이 더 예민하게 평가할 수 있는 부분이 있어 조직감을 기계적 측정만으로 분석할 수는 없다. 그러나 감각평가는 자칫 사람들에 의한 주관적인 측정이 될 수 있어 보다 객관적인 평가를 위하여 환경적인 조건을 관리하거나 패널요원을 훈련하는 등 감각평가에 영향을 줄 수 있는 요소들을 잘 통제해야 한다. 그러므로 식품의 조직감은 사람에 의한 감각평가와 기기에 의한 기계적 측정과의 상관관계 등을 고려한 종합적인 평가가 필요하다.

CHAPTER 3

감각평가에 영향을 주는 요소

1. 패널의 태도
2. 감각평가 시 발생할 수 있는 생리적·심리적 오차

CHAPTER 3

감각평가에 영향을 주는 요소

감각평가는 사람의 주관적 감각과 심리작용에 의존하여 식품의 품질을 평가하므로, 측정치는 패널의 조건, 시료, 장소, 시간, 평가 방법 등 여러 요인에 의해 영향을 받는다. 이러한 영향을 최소화하기 위해 표준화된 평가 방법을 계획하고 합리적인 실험설계와 진행, 과학적인 통계 처리를 해야 목적에 맞는 객관적이고 신뢰성 있는 결과를 얻을 수 있을 것이다. 평가 과정 중 발생할 수 있는 감각평가에 영향을 미치는 다양한 요인에 대해 자세하게 알아보고자 한다.

1. 패널의 태도

1) 자 세

다음과 같은 패널요원의 자세(attitudinal factors)가 식품의 품질을 감각적으로 평가하는 데 영향을 줄 수 있다.

(1) 분석적 대 종합적

분석적인 패널은 세부적인 것에 집중하여 전체적인 것을 간과하며, 종합적인 패널은 반대로 전체적으로 관찰하지만 세부적인 사항은 간과하는 경향이 있다. 기호도 평가가 종합적이라면 차이식별평가는 분석적이라고 할 수 있다.

(2) 객관적 대 주관적

객관적인 패널은 세부사항을 자세히 평가하지만, 주관적인 패널은 세밀한 평가보다는 자신의 주관을 개입하여 넓게 관찰하고 주관적으로 해석하려 한다.

(3) 능동적 대 수동적

능동적인 패널은 합리적이고 적극적인 데 비하여 수동적인 패널은 소극적이고 시행착오적이며 즉흥적이다.

(4) 자신감 대 소심함

자신감이 있는 패널은 전체를 빨리 보고 판단하며 실제로 본 것보다 더 자세히 보고하기도 하지만, 차이가 없음에도 있다고 판단하는 오류(제1종 오류)를 범할 가능성이 있다. 반면에 소심한 성격의 패널은 본 것에 대하여도 보고하기를 꺼리므로 실제 있는 차이를 간과하는 오류(제2종 오류)를 범하기 쉽다.

(5) 색깔 반응자 대 형태 반응자

형태에 앞서 색깔에 먼저 반응을 나타내는 색깔 반응자는 쿠키의 퍼짐 정도를 비교할 때 쿠키의 크기를 비교하기 전에 색으로 퍼진 정도를 판단하여 색이 연하면 더 많이 퍼졌다고 판단하기도 한다.

(6) 시각 대 촉각

시각에 더 민감한 사람은 감각평가에서 촉각보다는 시각을 통해 먼저 제품을 평가한다. 반대로 촉각 반응자는 조직감에 주로 먼저 반응을 보인다.

2) 동 기

감각평가에 임하는 동기(motivation)는 감각적 감지에 영향을 미친다. 평가에 대한 동기가 높을수록 자극에 대한 민감도가 높다. 이에 따라 평가를 위한 훈련 기간이 단축되고 평가물에 대해 민감하게 반응하므로 평가의 효율성이 높아진다. 그러므로 성공적인 감각평가를 위하여 패널요원들이 관심을 두고 참여할 수 있도록 노력해야 한다. 일반적으로 인체의 욕구를 만족시킬 수 있는 자극에 대해서 보다 민감하며 패널요원에게 특별한 보상을 함으로써 동기를 높일 수 있다.

2. 감각평가 시 발생할 수 있는 생리적·심리적 오차

1) 생리적 요인

(1) 둔 화

둔화(adaptation)는 계속된 자극에 노출됨으로써 주어진 자극에 대한 민감도가 변하거나 떨어지는 현상이다. 예를 들어, 처음에는 음식에 들어가 있는 참기름향을 강하게 느끼지만 잠시 지나면 향을 별로 느낄 수 없는 것과 같은 경우이다.

(2) 교차둔화

교차둔화(cross-adaptation)는 이전에 노출된 자극이 이후의 다른 물질 평가에 영향을 주는 현상이다. 예를 들어, 청량음료를 맛본 패널에게 단 음료수를 제공하면 물을 마신 후 같은 단 음료수를 제공하였을 때보다 단맛을 훨씬 덜 느끼게 된다.

(3) 교차강화

교차강화(cross-potentiation)는 특정 향미 물질에 노출된 것이 다른 물질의 감각평가 시 도움이 되는 현상이다. 예를 들어, 신맛 사탕을 먹은 다음 단맛 사탕을 먹었을 때 그 단맛을 더욱 강하게 느끼는 것과 같다.

(4) 강 화

강화(enhancement)는 어떤 물질이 특정 물질의 강도를 더 높여 주는 현상을 말한다. 예를 들어, 식혜에 소금을 약간 넣으면 단맛이 더 강하게 느껴지게 된다.

(5) 상 승

상승(synergy)은 두 가지 이상의 혼합물이 단독으로 있을 때보다 강도가 더 증가하는 현상이다. 예를 들어, 핵산과 MSG의 혼합물에서 감칠맛이 더 높게 나타난다.

(6) 침 강

침강(suppression)은 어떤 물질이 특정 물질의 강도를 줄여 주는 현상을 말한다. 예를 들어, 신 김치찌개에 설탕을 약간 넣어 신맛을 줄이거나 커피의 쓴맛을 설탕의 단맛으로 줄이는 것과 같다.

2) 심리적 요인

(1) 기대 오차(expectation error)

시료를 평가할 때 처음부터 차이가 있으리라 판단하여 나타나는 오차이다. 예를 들어, 어떤 시료가 양질의 시료를 사용하여 만들어졌다고 알려지면 패널요원들은 그 시료에 대해 그렇지 않은 경우에 비해 바람직한 특성들에 더 높은 점수를 주게 된다. 또 유효기간이 지난 시료를 패널요원들에게 알리고 실험하게 되면 변질되지 않은 식품이라도 그 시료에서 이취가 난다고 답하는 경우가 많다.

(2) 습관 오차(habituation error)

자극이 계속 증가 또는 감소하지만 동일 자극으로 인지하는 오차이다. 예를 들어, 계속 똑같은 시료를 주다가 새로운 시료를 제공했을 때 다른 요인을 인지하지 못하고 똑같은 점수를 주는 경우이다.

(3) 자극 오차(stimulus error)

시료 자체에는 차이가 없으나 시료 간의 용기, 절차, 기타 조건이 다를 때 차이가 있다고 잘못 판단하는 오차이다. 예를 들어, 스크류 캡 병에 든 포도주가 코르크 병에 든 포도주보다 등급이 떨어진다고 판단하는 경우이다.

(4) 논리 오차(logical error)

패널들이 시료 간의 차이를 잘 인식하지 못하는 경우 두 가지 품질 특성이 논리적으로 관련이 있다고 생각하여 평가특성과는 관련이 없는 특성만으로 시료를 평가하는 오차이다. 예를 들어, 색깔이 진한 맥주일수록 향미가 더 좋을 거라고 평가하거나 색깔이 진한 마요네즈일수록 향미가 더 안정적일 거라고 판단하는 경우이다.

(5) 성상 효과(halo effect)

시료에 대해서 낮은(높은) 견해를 가진 패널은 낮은(높은) 점수를 주려는 경향이 있다. 예를 들어, 한국산 포도주와 프랑스산 포도주를 알려 준 후 향미 비교평가를 할 때 한국산에는 낮게 점수를 주려고 하고 프랑스산에는 높은 점수를 주려고 한다.

(6) 순서, 시간 및 위치 오차(order errors/time error/positional bias)

시료의 제시 순서나 제시 위치에 따라 발생하는 오차로, 평가물들 간의 차이가 적으면 삼점평가에서 세 개의 평가물 중 1개의 이질적인 평가물을 채택하는 것이 아니라 가운데 평가물을 채택하려는 오차이다. 예를 들어, 단시간의 테스트에서 배고픈 사람 또는 목마른 사람들이 첫 번째로 제시되는 시료가 가장 좋다고 평가하는 경우가 해당한다.

(7) 대조 효과(contrast effect)

강도가 큰 시료 다음에 평가하는 시료는 원래의 강도보다 더 적은 값을 얻게 되는 효과이다. 예를 들어, 샘플 농도 순이 C > A > B이면 감각평가 시 C의 농도가 너무 커서 상대적으로 A의 농도가 B의 농도보다 약한 것처럼 느껴지게 된다.

(8) 그룹 효과(group effect)

시료가 하나 제시될 때보다 그룹으로 제시될 때 대조특성이 더 뚜렷하게 평가되는 효과이다. 예를 들어, 많은 향미 성분이 혼합된 제품이 더 향미가 좋다고 평가하는 경우이다.

(9) 경향 효과(pattern effect)

시료가 제시되는 순서나 방법이 반복될 때 패널요원들이 그것을 빨리 인지하게 되면 발생할 수 있는 효과이다. 예를 들어, 향미가 좋은 샘플이 매번 뒤에 제시될 때 일반적으로 나중에 제시되는 시료의 향미가 더 좋다고 평가하는 경우이다.

(10) 중앙경향 오차(error of central tendency)

제품을 평가하는 사람이 척도의 가장 낮은 점수와 높은 점수는 피하고 중간 부분의 점수를 채택하려는 경향이 높을 때 나타나기도 하고, 시료가 제시되었을 때 중앙에 위치한 시료를 더 많이 선택할 때 나타나는 오차이다. 예를 들어, 9점 척도를 사용하여 제품을 평가할 때 패널들이 양 극단의 점수는 피하게 되어 결과적으로

9점 척도보다 더 낮은 척도로 활용하게 되는 문제점이 있다. 또한 삼점평가 시 가운데에 위치한 시료의 응답률이 높게 나타날 수 있는 문제점도 발생한다.

(11) 상호제안 오차(mutual suggestion error)

다른 패널의 반응 때문에 영향을 받는 오차로, 패널들이 다른 사람의 반응에 의해 머리가 혼란스러워져서 테스트를 더 길게 또는 짧게 마치는 경우를 말한다.

(12) 동기 결여 오차(lack of motivation)

패널들이 평상시보다 주의를 덜 기울이거나 다른 패널들에게 주의를 덜 기울임으로써 발생하는 오차이다. 예를 들어, 본인이 원해서 실험에 참여한 것이 아니라 당위적으로 실험에 참여하였을 때 적당한 차이와 적정 용어를 발견하지 못하고, 똑같은 점수만 되풀이하는 경우이다.

(13) 성격 오차(적극성과 소심함, capriciousness versus timidity)

패널의 성격에 따라 매겨지는 점수의 범위가 달라지는 오차로, 점수가 극단에만 몰리는 패널이 있는가 하면 점수가 아주 적은 폭으로 한곳에만 몰려 있는 경우도 있다.

(14) 근사 오차(proximity error)

시료 간의 품질 특성이 근사한 경우 그렇지 않은 특성에 비해 유사하게 평가되는 오차이다.

(15) 연상 오차(association error)

과거의 인상이 반복되어 발생하는 오차로, 자극에 대한 반응이 과거 연상 때문에 감소하거나 증가하는 현상을 말한다.

● **표 3-1** 제1종 오류와 제2종 오류의 실제상황과 통계적 결정 개념

실제상황 / 통계적 결정	귀무가설(H_0)이 사실	귀무가설(H_0)이 허위
귀무가설(H_0) 채택	옳은 결정 확률 = 1 − α	제2종 오류 확률 = β
귀무가설(H_0) 기각	제1종 오류 확률 = α	옳은 결정 확률 = 1 − β

(16) 제1종 오류와 제2종 오류

실제로 존재하지 않는 자극을 존재하는 것처럼 느끼는 오차를 제1종 오류(error of the first kind 혹은 type I error)라고 한다. 즉, 유의수준 내에서 시료 간의 유의차가 없다고 가정하는 귀무가설(H_0)이 실제로는 참이어서 가설을 채택하여야 함에도 불구하고 표본의 오차 때문에 이를 채택하지 않는 오류로서 이를 알파(α)로 표시한다. 반면에 실제로 존재하는 자극을 감지하지 못하는 오차를 제2종 오류(error of the second kind 혹은 type II error)라고 한다. 귀무가설(H_0)이 거짓이라서 가설을 채택하지 말아야 하는데 표본의 오차 때문에 이를 채택하는 오류로서 이를 베타(β)로 표시한다.

이 오류의 정의는 실제 기업의 제품개발부서에서 매우 중요하게 이용되고 있다. 어느 기능 식품 회사에서 항산화 물질 처리 효과를 판단하기로 하여 감각평가를 실시고 효과 여부를 판단해보기로 했다고 가정하자. 귀무가설(H_0)은 "개발한 신제품의 항산화 효과는 없다"이다. 제1종 오류는 실제로 신제품에 항산화 효과가 없는데도 불구하고 효과가 있다고 판정한 경우이며 제2종 오류는 실제로 항산화 효과가 있는데도 불구하고 효과가 없다고 판정한 결과이다.

만약에 실제 상황에서 항산화 효과가 없었다면 가장 바람직한 의사결정은 항산화 효과가 없다고 판정하는 경우로 귀무가설을 채택하고 연구를 계속하는 것이다. 그런데 제1종 오류가 발생하여 항산화 효과가 없는데 있는 줄 알고 제품을 출시했다면 소비자를 속이게 되며, 사실이 적발되면 회사가 막대한 금전적 피해를 입는 결과가 초래될 것이다.

표 3-2 제1종 오류와 제2종 오류의 실제상황과 의사 결정 판정의 예

<table>
<tr><th colspan="2" rowspan="2">귀무가설(H_0) : "신제품의 항산화 효과는 없다"</th><th colspan="2">실제상황</th></tr>
<tr><th>신제품의 항산화 효과 없음</th><th>신제품의 항산화 효과 있음</th></tr>
<tr><td rowspan="2">의사 결정</td><td>H_0 채택, 계속 연구</td><td>연구 계속</td><td>제2종 오류(β)</td></tr>
<tr><td>H_0 기각, 신제품 출시</td><td>제1종 오류(α)</td><td>제품개발 성공 및 포상(1−β)</td></tr>
</table>

실제 상황에서 항산화 효과가 있었다면 가장 바람직한 의사결정은 귀무가설을 기각하고 제품을 성공적으로 출시하고 제품 개발부는 포상을 받는 것이다. 실제 상황에서 항산화 효과가 있었는데 제품개발부에서 감각평가의 오류로 귀무가설을 채택한 경우 연구자는 항산화물질 첨가 수준 연구를 계속할 필요도 없는데 신제품 출시를 미룬 채 연구를 계속하여 회사에 손해를 입히게 된다. 옳은 의사결정을 위해서는 제1종 및 제2종 오류를 모두 최소화할 수 있는 연구를 진행해야 한다. 통계 가설 검정 시 제1종 오류를 1% 혹은 5% 이내로 설정하는데, 이를 '유의수준(significance level)'이라 한다. 제2종 오류는 통계적 개념으로 볼 때 항산화물질 처리 수준의 효과가 있을 때 이를 제대로 확인할 수 있는 확률이므로 이를 '검정력(statistical power)'이라고 정의한다.

CHAPTER 4

감각평가요원(패널)의 선정 및 훈련

CHAPTER 4

감각평가요원(패널)의 선정 및 훈련

식품의 감각평가에서 패널(panel)이란 감각평가를 수행할 수 있는 자격을 지닌 사람들의 집단을 말하며 패널 내의 구성원들을 패널요원(panel member)이라 한다. 식품의 최종적인 품질에 대한 평가는 소비자에 의한 감각적인 평가로 이루어지므로 식품품질에 대한 정확한 정보를 얻기 위해서는 예민성과 재현성이 높은 감각평가를 할 수 있는 패널요원의 선정, 훈련, 유지가 무엇보다도 중요하다.

1. 패널의 분류

1) 경험 유무

(1) 소비자 패널

제품의 사용자나 잠재적 사용자가 패널이 된다. 소비자는 감각평가에 대한 훈련이나 경험이 필요 없는 패널로서 선호도 및 기호도 평가에 참여하게 된다.

(2) 무경험 패널

실험에 대해 전혀 정보가 없는 잠재적 소비자를 대상으로 실험실의 조절된 환경에서 기호도 평가를 실시할 때 참여하게 되는 패널이다.

(3) 유경험 패널

분석적 감각평가 중 비교적 간단한 차이평가를 실시할 때 참여하는 패널이다.

(4) 훈련된 패널

분석적 감각평가 중 묘사분석(descriptive analysis)과 같이 비교적 복잡한 차이평가를 실시할 때 참여하는 훈련의 정도가 많은 패널을 말한다.

(5) 전문 패널

포도주 전문가나 향수 전문가처럼 오랜 경험으로 기억된 기준에 의해 각각의 특성을 측정하는 패널이다.

2) 평가 목적

(1) 분석적 평가 패널

객관적인 평가에 필요한 패널로서 원료 및 제품의 품질평가, 저장, 공정개선 시험에 참여하게 되며 차이식별 패널과 묘사분석 패널이 있다. 차이식별 패널은 10~20명이 필요하며 묘사분석 패널은 차이식별 패널보다 더 강화된 훈련이 필요해 패널로서 8~12명이 적당하다.

(2) 기호도 평가 패널

소비자의 주관적인 기호도 평가에 참여하게 되는 패널로 대형에서는 200~200,000명, 중형에서는 50~200명이 필요하다.

2. 패널의 선정

패널의 적격 여부 평가를 통해 패널을 선정(panel screening)한다. 분석적인 평가에 필요한 패널요원은 테스트 능력을 알아보는 데 도움을 줄 수 있는 일련의 평가들을 수행하여 패널요원이 평가를 수행할 수 있는 자질을 갖추었는지 평가하고 이에 따라서 선정한다. 여러 종류의 다양한 자극에 대해 극도로 예민도가 높은 후보를 찾는 것은 아니며, 평가물에 대해서 알레르기가 없고, 평가를 할 수 있는 시간적 여유가 있는지 등의 간단한 요건을 충족시킬 수 있는 패널이어야 한다. 또한 감각평가를 수행할 수 있는 능력이 있으며, 평가물 간의 특성을 구분할 수 있고 몇몇 평가에 있어서 평가물이 지닌 차이에 대해서 묘사하고 정량화할 수 있는 분석적인 기술과 충분한 어휘를 지닌 패널요원을 선발하도록 한다.

1) 일반적인 패널 선정

패널 선정 시에는 감각평가 과제 수행능력에 영향을 줄 수 있는 여러 요소를 고려해야 하는데, 그 평가를 대표할 수 있는 평가 방법이나 그 평가의 대표적인 시료를 이용하면 좋다. 선발은 많은 그룹의 사람들로부터 시작하며 숙련의 정도에 따라 지원자를 서열화한다. 초기 선발 그룹의 크기는 최종적으로 능력 있는 최종 패널을 선발하는 데 영향을 준다. 지원자의 수가 많으면 많을수록 우수한 능력을 지닌 패널요원을 선발할 가능성이 크다. 특별한 선행 경험이 있다거나 특별한 위치에 있는 패널요원 후보에 대해 자동으로 자격을 갖추었다고 판단하여 선발시험에서 면제시켜서는 안 된다. 연구자들은 실험에 참여할 패널 크기를 결정하는 데 서로 다른 기준을 이용한다. 결론부터 말하자면 어떤 실험을 위한 패널요원의 아주 적당한 꼭 필요한 수(magic number)는 없다. 실험에 참여한 패널의 수는 실험마다 상당히 다르며, 각각의 상황에 따라 필요한 패널의 수가 요구된다. 또한 패널 크기는 이용 가능한 패널 자격을 갖춘 사람의 수에 의존되며 이미 정해 놓은 패널 크기를 얻기 위하여 자질이 부족한 사람들을 패널에 포함시켜서는 안 된다. 기본적으로 패널의 수는 제품의 다양성, 판단의 재현성에 의존하거나 참고문헌에 의해 우선으로 결정된다. 패널 크기는 많은 요소가 함께 고려되어야 하므로 적절한 수를 미리 제시하지 않는 것이 좋다.

2) 차이식별평가를 위한 패널 선정

패널요원이 시료 간의 차이를 구별할 수 있는지, 없는지를 확인할 수 있는 가장 기본적인 평가 방법은 삼점평가(triangle test)이다. 그 밖에 짝짓기평가(matching test), 순위법(ranking test) 등으로도 평가할 수 있다. 패널 선발평가에서 제시된 차이점들은 패널들이 실제로 하는 본 실험에서의 차이점과 유사해야 한다. 패널 선발평가에 사용된 평점 척도는 패널이 본 평가에서 사용할 평점 척도와 유사해야 한다. 평가 시에는 가능한 한 실험에 관련된 넓은 범위의 차이를 포함해야 한다. 예를 들면 원료의 변동, 가공, 저장, 날씨조건 또는 평가물의 제조시간 등이 여기에 포함된다. 각 평가는 전체 패널이 시료 간의 유의차를 나타낼 수 있도록 높은 정답률을 보여야 한다. 그러나 거의 모든 사람에게 차이가 명확하여 정답을 맞힌 패널요원의 정답률이 80% 이상이 되어야 한다는 식의 너무 높은 수준을 기대해서는 안 된다. 평가는 사람들이 차이를 충분히 인지할 수 있도록 쉬워야 하지만 모든 사람이 차이를 찾아내지 못할 정도로는 어려워야 한다.

지원자들은 맞힌 정답 수의 퍼센트를 기준으로 서열화된다. 일반적으로 쉬운 평가의 경우 정답률이 60% 이하인 사람은 제외되며 그 이상의 정답률이 높은 사람들이 선발된다. 각 지원자는 모든 또는 거의 모든 평가에 다 참여하는 것이 바람직하다. 그렇지 않으면 평가의 난이도가 다양하므로 정답률 비교에 있어 치우칠 수 있기 때문이다. 만약 평가물의 특징에 있어 적응의 문제가 없다면 각 개인은 같은 평가 기간에 여러 번 평가를 수행할 수 있다. 적어도 20~24회 정도의 평가를 수행한 패널요원을 기초로 선발하는 것이 바람직하다. 한 평가에 사용 가능한 시료의 수는 4~6개 정도가 적당하며, 만일 패널이 본 실험에서 하나 이상의 제품을 평가한다면 선발평가의 시료는 본 평가에서 가장 주가 되는 시료를 택하는 것이 좋다. 각 지원자는 이미 선택된 여러 제품의 특징들과 비교해서 일련의 시료들에 점수를 부여하며, 선발평가는 두 가지 또는 세 가지 제품으로 반복실험을 한다. 선택된 특징이나 속성들은 훈련되지 않은 패널요원들도 이해할 수 있어야 한다. 평점(scoring)을 매길 때는 더욱 정확한 분석을 위해서 최소한 3~4번 반복실험을 하는 것이 좋다. 각 지원자의 데이터에 대해서는 개별적으로 분산분석이 행해진다. 시료의 유의수준은 패널의 숙련 정도로 이용된다. 차이식별평가에서 소수의 패널요원만이 평가물의 차이를 인지한다면 패널 수가 20~25명 이하로 이용되기도 한다.

3) 묘사분석을 위한 패널 선정

지원자가 어떤 특이적인 묘사 특성의 범위를 나타내는 시료의 특성을 묘사하거나 점수를 부여하게 하는 방법으로, 평가물의 특징을 묘사할 수 있는 능력으로 선발하기도 한다. 예를 들면, 식품이나 향 산업에 있어서 어떤 것은 일반적인 냄새를, 어떤 것은 일반적이지 못한 냄새를 담고 있는 일련의 병으로 만든 시료들이 이 선발평가에 이용된다. 예비 패널요원들은 각 병의 냄새를 맡고 이름을 쓰거나 묘사하거나 관련된 냄새를 쓰도록 요구된다. 지원자들은 방향 물질을 특징화할 수 있는 능력에 따라서, 즉 한 가지 냄새를 다른 제품이나 냄새와 연관시키기보다는 독립적으로 냄새의 이름과 특징을 묘사할 수 있는 능력에 따라서 우선적으로 서열화되어 선발된다. 외관, 소리, 촉감이 평가되는 산업에서도 이와 유사한 경우가 이용될 수 있다. 묘사분석의 패널요원의 수는 평가법마다 약간의 차이가 있다. 향미 프로필은 4~6명, 정량적 묘사분석은 10~12명, 일반적인 묘사분석은 8~12명으로, 소비자 평가나 차이식별평가에서 요구되는 인원에 비해 적은 편이다.

4) 소비자 평가를 위한 패널 선정

선호도 평가나 기호도 평가는 차이식별평가나 묘사분석과는 다른 선택기준이 필요하다. 패널의 선택기준은 첫째로 평가물의 예상 소비자집단에 대해서 패널이 대표성을 띠고 있는지이며, 이는 기호도 평가의 목적이 선택의 방향을 결정하거나 상품이 어떤 집단에 더 잘 수용되는지 정도를 알아보는 것이기 때문이다. 상황에 따라 이용할 수 있는 사람의 종류와 수를 조절하는데, 이때 가능한 한 가지 접근 방법은 실험에 이용할 수 있는 그룹이나 사람들의 명부를 이용하는 것이다. 많은 경우에 있어서 그룹의 명부는 그룹에 대하여 다소 일반적인 인구 통계학으로 얻어지는 것이므로 어떤 경우의 실험에서는 무작위 방법으로 이 명부로부터 그룹이나 패널요원을 선발할 수도 있고, 어떤 경우는 실험의 변수나 시료에 대해서 특별한 지식을 가지고 있는 사람이나 평가물에 대해서 포괄적인 지식을 가지고 있는 사람은 제거할 수도 있다. 또한 자사(自社)의 사람을 감각평가의 기호도 평가에 이용하는 것에는 여러 문제가 있을 수 있는데, 자사의 사람들은 무료나 인하된 가격으로 회사상품을 공급받고 실험에 자주 참여함으로써 평가물의 특성을 잘 알 수 있으며 평가물의 특징을 근거로 하지 않고 다른 기준으로 평가물을 알거나 선택할지도 모르기 때문이다.

패널 수는 결과에 요구되는 정확성, 잘못된 결정을 범할 수 있는 위험, 평가에 참여한 사람들의 대표성에 의해 결정되며, 마지막 요소인 대표성에 가장 중점을 두어야 한다. 그 이유는 차이를 인지할 수 있는 시료 간 차이의 크기 관점에서 정확도는 종종 임의적 선택의 문제이기도 하고, 대표성은 의미 있는 집단과 결과가 유사할 것이라는 가능성과 관계가 있기 때문이다. 더 많은 응답자를 포함할수록 시료 선택에 대한 편견의 가능성은 줄어들 것이다. 적은 수의 실험실 패널로부터 얻어진 결과를 기초로 한 결론은 극단적인 주의를 필요로 하며 더 많은 확인 작업을 거쳐야 한다. 보다 큰 집단의 대표성에 비교하여 작은 실험실 패널은 일반적인 소비자 집단보다 제품을 더욱 자주 접할 수도 있고, 그에 따라 그들이 이용하는 제품에 대해서 편견이 있을 수도 있기 때문이다. 평가 시료에 대한 지식과 관련된 편견이나 실험실 요원과의 개인적인 상호작용은 이와 같은 형식의 평가에 있어서 방해물이 된다.

소비자 평가는 정량적인 평가와 정성적인 평가로 구분되며 정량적인 평가에서 더 많은 수의 패널요원이 요구된다. 정량적인 평가에는 기호도 평가, 선호도 평가 등이 포함되며 50명~수백 명의 많은 소비자를 대상으로 실시한다. 보통 100명 정도이면 일반적으로 작은 소비자 평가에서 대부분 문제를 해결할 수 있는 적절한 인원이라고 여겨지나 정확한 인원은 실험디자인에 의존하여야 한다.

적절히 선택되었다면 응답자들은 적절한 집단의 대표성을 나타낼 수 있다. 많은 수의 응답자를 이용하는 것은 차이점을 찾는 통계 능력을 향상할 수는 있어도 집단이 치우침 가능성에 대해서는 아무런 효과가 없을 수도 있다. 예를 들면, 회사 고용인을 이용한 큰 집단은 적은 수의 패널과 마찬가지로 회사 제품 쪽으로 치우칠 수 있다. 실험의 목적이 중요하거나 중요한 결정을 내려야 할 때는 큰 규모의 평가가 필요하며 주의 깊게 선택된 응답자들로부터 결과를 모으는 것이 바람직하다. 소집단 응답자의 반복적인 판단에 의해 얻어진 데이터들은 실제 응답자의 수를 증가시킨 것과 같은 효과를 나타내지는 못한다. 그러한 평가는 실험 오차는 다소 줄일 수 있어도 제한된 범위의 시료선택(sampling)을 야기하기 때문이다.

3. 패널의 훈련

패널 훈련의 목적은 평가할 제품에 익숙해지고 그 제품의 특성에 대한 용어를 개발하며 패널요원 개개인의 능력을 향상시켜 평가의 효율을 증진시키는 데 있다.

패널의 훈련 과정은 평가 목적이나 제품에 따라 달라질 수 있으나 일반적으로는 패널요원에게 임무를 설명하는 것으로부터 시작된다. 초기 과정에서는 평가할 제품의 특성에 익숙해지는 데 중점을 두며 특정 품질 특성을 조사할 경우 그 특성의 범위나 강도를 이해하는 데 도움이 되는 시료를 준비하여 제시하는 것이 좋다. 예를 들어, 소고기의 연화 정도에 대한 훈련 시 연한 소고기에서부터 질긴 소고기까지 시료를 준비하여 소고기 연화 정도에 대한 범위나 정도를 이해시키도록 한다. 묘사분석에서는 패널요원 개개인이 스스로 특성에 대한 묘사 용어를 개발할 수 있도록 훈련한다. 패널요원의 평가 능력에 대한 재훈련은 정기적으로, 가능하면 지속해서 이루어져야 한다. 본 실험이나 부가적인 선발시험에서 각 패널요원의 성적은 보충 훈련이나 교육이 필요한지, 또는 특정 패널에서 궁극적으로 제외해야 하는지를 결정하게 한다.

4. 한계값의 훈련

한계값(threshold, 역치)은 화학적 물질이 감각기관에서 감지될 수 있는 최소의 농도이다. 한계값은 정확한 측정방법이 없고 물리적 변수뿐 아니라 예민도에 따른 기준선(criterion)에 따라 변하는 문제점이 있다. 한계농도보다 낮은 농도에서는 어떤 맛이나 냄새를 느낄 수 없고, 한계농도보다 높은 농도에서는 정상적인 감각을 가진 사람이 그 물질의 존재를 실제로 알 수 있다. 맛과 냄새를 나타내는 물질의 종류에 따라서 한계값이 다르며 사람에 따라서도 한계값은 매우 다르다. 측정이 가능한 한계값은 자극(stimuli)의 순도, 공시료(blank)의 잡음(noise) 정도이며 개개인의 생리적 상태, 훈련 정도, 출석 정도, 동기 등이 영향을 미칠 수 있다. 한계값의 실험은 화학적 자극의 효능이나 개개인의 예민도를 확립하거나, 패널요원의 예민도를 비교, 훈련할 수 있는 한 방법으로 이용되고 있다. 강제선택차이평가의 방법으로 한계값을 측정할 때는 시리즈 평가 중 휴식을 취해야 하는 연속적인 정답 수(휴식의 법칙), 한 단계에서 요구되는 반복적인 정답 수, 한 농도의 범위를 몇 단계로 나눌지의 단계 결정, 단계별 반복실험 횟수에 대한 평균을 낼지 혹은 관찰 수를 늘릴지의 결정 등의 변수를 고려하도록 한다.

1) 한계값의 종류

한계값의 종류에는 감지한계값과 인지한계값이 있다. 감지한계값(절대한계값, 감지역치, 절대역치; detection threshold, absolute threshold)은 물질의 존재를 감지하였으나 정확히 그것이 무엇인지를 알 수는 없는 농도이다. 인지한계값(인지역치; recognition threshold)은 인지된 그 물질이 무엇인지를 결정할 수 있는 최소의 농도를 말한다. 예를 들어, 물에 미량의 소금이 녹았을 때 순수한 물이 아니라는 것을 느끼는 농도가 감지한계값이며, 짜다고 느끼는 농도를 인지한계값이라고 한다.

2) 한계값 결정 방법

(1) 전형적 한계값 측정법

농도가 증가하는 순서로 시료를 제시했을 때 패널요원이 농도를 알아내는 점, 농도가 감소하는 순서로 제시하였을 때 아무 맛도 없다고 보고하는 점을 실험한다. 결과는 평가한 시리즈 수의 값의 평균으로 하며 한계값은 패널요원 50%가 자극의 차이를 구별하는 점으로 정한다. 이때 단계별 농도의 크기, 피로감, 둔화 현상 등을 고려한다.

(2) ASTM E-679-79 측정방법

먼저 한계값 실험의 적정 농도 범위를 설정하기 위한 예비실험을 실시한다. 농도가 2배 혹은 3배의 범위로 달라지는 한계값 측정 시료 시리즈를 준비한다. 패널요원의 수는 10~25인 정도가 적당하다. 맛의 한계 농도가 증가하는 방법으로는 강제차이식별평가(주로 3점 강제선택차이평가)가 시행되며 패널요원에게 냄새나 맛이 더 강한 시료를 선택하게 한다. 패널요원은 이때 농도가 더 강한 시료로 미리

● **표 4-1 한계값 실험을 위한 네 가지 기본맛의 대표적 농도**

농도(molarity) mw. 0.1M stock soln.	식염(짠맛) 58.45 A : 5.845g/L	구연산(신맛) 210.15 B : 21.015g/L	카페인(쓴맛) 194.19 C : 19.419g/L	설탕(단맛) 342.30 D : 34.230g/L
Molarity				
0.00005	0.5mL A/L	0.5mL B/L	0.5mL C/L	0.5mL D/L
0.0001	1mL A/L	1mL B/L	1mL C/L	1mL D/L
0.0002	2mL A/L	2mL B/L	2mL C/L	2mL D/L
0.0004	4mL A/L	4mL B/L	4mL C/L	4mL D/L
0.0008	8mL A/L	8mL B/L	8mL C/L	8mL D/L
0.0016	16mL A/L	16mL B/L*	16mL C/L*	16mL D/L
0.0032	32mL A/L	32mL B/L	32mL C/L	32mL D/L
0.0064	64mL A/L	64mL B/L	64mL C/L	64mL D/L
0.0128	128mL A/L*	128mL B/L	128mL C/L	128mL D/L
0.0256	256mL A/L	256mL B/L	256mL C/L	256mL D/L*
0.0512	2.994g/L	10.760g/L	9.943g/L	35.052g/L
0.1024	5.988g/L	21.519g/L	19.885g/L	70.103g/L

*평균 최소 감미한계값 농도

예비 훈련을 하여 측정방법에 익숙해질 수 있으나 피로나 둔화 현상이 생길 수 있다. 반복되는 맛의 한계값 농도 증가 실험에서 높은 농도의 시료를 틀리는 패널요원과 낮은 농도의 시료를 맞추는 패널요원을 확인한다. 낮은 농도에서 정답을 맞추었는데 그 농도보다 높은 농도에서 실수할 경우 낮은 농도에서 맞춘 답을 우연히 맞추었다고 간주하여 오답으로 채택한다.

반복되는 한계농도가 증가하는 시료들에서 농도가 올라감에 따라 계속 맞추면 정답으로 채택한다. 패널요원에 대한 맛의 한계값은 답을 놓친 농도와 답을 계속적으로 맞춘 농도 중 가장 낮은 농도와의 기하학적 평균값으로 계산한다. 그룹의 맛에 대한 한계값은 패널요원의 한계값 평균값으로 정한다. 반복실험 시 이전 실험과 20% 이상 차이가 나면 재실험하여 다시 한계값을 정하도록 한다.

패널요원의 감지한계값 측정을 위해 짠맛의 농도 시리즈를 6개씩 만든다. 패널요원은 물 시료 2개와 1개의 짠맛 농도를 섞은 시료로 삼점평가나 3점 강제선택차이평가를 한다. 가장 낮은 짠맛 농도를 포함한 시료를 첫 번째 시료 세트에서 실험하며 농도가 증가하는 순서로 진행한다. 보통 삼점평가보다는 3점 강제선택차이평가에서 예민도가 더 높다고 알려져 있다.

표 4-2 네 가지 기본 맛의 한계값 평가표의 예

이름 :	날짜 :

〈실시 방법〉

1. 평가 용액은 A, B, C, D의 네 가지 맛에 대하여 각각 No. 1~No. 12까지이다.
2. 물로 입을 잘 씻어낸다.
3. 평가 용액은 입속에서 휘돌려서 혀의 표면에 충분히 닿게 맛을 본다.
4. 다음과 같이 강도를 숫자로 표시한다.

   아무 맛도 느끼지 못한다 ························ (0)
   대단히 희미하다 ························ (1)
   느낄 수 있다 ························ (2)
   쉽게 느낄 수 있다 ························ (3)
   강하다 ························ (4)
   대단히 강하다 ························ (5)

맛	시료번호											
	1	2	3	4	5	6	7	8	9	10	11	12
단맛												
짠맛												
신맛												
쓴맛												

수고하셨습니다.

표 4-3 짠맛의 한계값 측정을 위한 평가표의 예

이름 :	날짜 :

3점 강제선택차이평가 : 맛의 예민도 측정을 위한 한계값 시료입니다. 세트 1번부터 6번 세트의 순서로 차례로 실험하십시오. 3개 시료 중 짠맛이 가장 강한 시료를 고르십시오.

세트	시료번호		시료번호		시료번호		점수
1	136	______	369	______	359	______	(　　)
2	623	______	377	______	511	______	(　　)
3	339	______	512	______	661	______	(　　)
4	496	______	424	______	744	______	(　　)
5	259	______	444	______	177	______	(　　)
6	121	______	475	______	105	______	(　　)

의견 :

수고하셨습니다.

표 4-4 한계값 측정 후 정답 정리의 예 (○ : 정답, / : 틀린 답)

패널요원	농도 1	농도 2	농도 3	농도 4	농도 5	농도 6
01	/	/	○	○	○	○
02	○	/	/	○	○	○
03	/	/	/	/	○	○
04	/	/	/	/	○	○
05	/	/	/	○	○	○
06	/	○	○	○	/	○
07	/	/	○	/	○	○
08	/	○	/	○	○	○
09	/	/	○	○	○	○
10	/	/	/	/	○	○
정답 수	1	2	4	6	9	10
비율	0.1	0.2	0.4	0.6	0.9	1

주) 위의 정답 비율을 이용하여 Y축에는 비율을, X축에는 자극 농도를 나타내는 그래프를 그린다. Y축의 0.5를 지나 X축에 평행한 선과 곡선이 만나는 점에서 아래쪽으로 직선을 연결하여 X축과 만나는 점을 이 시료의 한계 농도로 정한다. 이때의 한계 농도는 Y축 정답 횟수의 50%에 해당되는 자극강도이다.

CHAPTER 5

시료의 준비와 제시

CHAPTER 5

시료의 준비와 제시

시료 선택의 일반원칙은 대표적인 상품 또는 연구 중인 상품을 선택하는 것이다. 실험을 진행하다 결과가 실험계획의 기대치와 다를 때 부주의한 시료의 준비에 의한 잘못이 있을 거라는 생각은 하지 못하고 패널요원의 선택과 훈련 등의 다른 이유를 찾을 때가 있다. 시료를 준비할 때 예비실험을 통해 먼저 일 회분의 시료 양을 정하고 전체 평가에서 사용될 양을 계산하며, 가능하다면 필요량의 두 배 이상의 시료를 준비하여 실험이 잘못되어 다시 하게 될 경우를 고려하는 것이 좋다.

1. 시료의 준비

시료는 실험 목적과 상관없는 다른 속성에 영향을 받지 않도록 준비한다. 모든 시료는 제어되어야 하는 인자들을 고려하여 일관성 있게 준비한다.

1) 시설 및 기구

시료 준비실은 시료와 필요한 장비의 종류, 시료준비 절차에 따라 필요한 공간 크기가 다르다. 시료를 저장할 수 있는 충분한 공간과 시설이 필요하지만, 공간이 좁으면 시료 제시용 선반을 적절히 이용하도록 한다. 저울과 같은 측량기구가 필요하며 감각평가를 위한 초자 기구(laboratory glassware)들은 화학약품용 기구와 분리해서 보관하고 사용한다. 조리 및 세척 기구, 냉장 및 냉동고가 필요하며, 냄새 제거를 위한 환기시설도 있어야 한다. 시료 제시 전에 시료를 미리 평가해야 하므로 평가실과 같은 조명도 필요하다.

2) 준비 방법

(1) 준비 방법의 일반적인 주의사항

시료 준비의 표준적인 방법을 확립하는 것이 중요하다. 예비평가를 하여 실험 목적에 따른 차이점이 가장 잘 감지되는 방법을 선택하고 실험 과정에서 발생할 수 있는 다양한 문제점을 미리 해결한다. 제시되는 시료의 양과 용기를 일정하게 하며 준비하는 데 필요로 하는 시간을 미리 계산한다. 냉동식품의 경우 해동 시간을, 조리가 필요한 경우 조리 시간을 고려해야 하며 재료의 혼합 및 시료 배분 시간 등 준비에 소요되는 시간들을 정확히 계산하여 시료가 가장 적합한 시간에 평가되도록 해야 한다. 시료는 대표성이 있어야 하며 시료의 안전성은 실험에서 가장 중요한 문제이기 때문에 시료의 저장에 특별히 주의를 기울여야 한다. 용기 혹은 기구로부터의 냄새 혹은 맛의 오염에 주의하며 준비 방법에 따라 오차가 도입

되지 않도록 한다. 장시간 끓이거나 전자오븐을 사용하는 경우 물성의 변화를 가져올 수 있으므로 주의한다. 조직감이 다른 시료들의 평가하려는 특성이 맛이나 냄새이면 시료의 차이를 없애기 위해 마쇄하거나 한 번에 한 시료씩 제시한다. 시료의 색이 다른 경우 어두운 불빛이나 색등을 사용하기도 하며 음료의 경우에는 색을 가려 줄 수 있는 붉은색 또는 검은색 컵을 사용한다. 향미가 강한 식품은 다른 식품과 혼합하거나 물에 희석하여 제공하거나 동반식품을 함께 제공하기도 한다.

(2) 평가법에 따른 준비 방법

차이식별평가의 경우 차이를 감지할 준비 방법을 사용한다. 예를 들어, 포테이토칩의 튀김 용매에 따른 차이를 조사할 경우 다른 재료에서 오는 오차를 막기 위해 조미료를 사용하지 않는다. 이는 조미료의 강한 향과 맛이 용매의 차이를 둔화시키기 때문이다. 소비자 기호도 평가에서는 보통 판매되거나 이용되고 있는 그대로의 시료를 사용한다.

2. 시료의 제시

감각평가 시 제시되는 조건들이 평가에 변수가 되지 않도록 주의를 기울여야 한다. 평가에 직접 관련된 사람은 패널로서 참가하면 안 되며 시료에 대한 최소한의 정보를 신중하게 고려하여 제공해야 한다. 예를 들면, 양질의 재료로 평가물을 만들었다고 알려주었을 때 저질의 재료로 만들었다고 알려주었을 때보다 더 높은 점수를 주는 기대 오차가 발생할 수 있다. 감각평가 시료 제시의 예를 그림 5-1에서 보여 주고 있으며 본 절에서는 시료의 제시 과정에서 제어해야 하는 일반적 조건들을 알아보고자 한다.

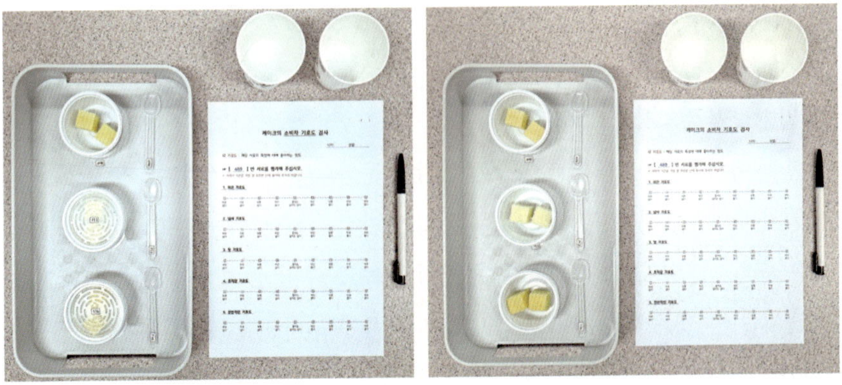

● **그림 5-1** 시료 제시의 예

1) 시료의 용기

한 실험에서는 모든 평가물에 동일한 용기를 사용한다. 예를 들어, 흰색의 동일한 모양과 크기의 용기로 통일하여 사용한다. 평가에 필요한 양을 담을 수 있으며 맛이나 냄새를 오염시키지 않는 용기를 사용하고 평가 전 식기와 용기에 비누 냄새가 남아 있지 않은지 확인한다. 영구적으로 사용하는 용기는 유리나 사기 등이 맛과 냄새가 흡수되지 않으므로 플라스틱 재질보다 더 좋으며 일회용 컵을 이용하기도 한다. 선택된 용기에 의해 조직감의 변화가 없어야 하며, 쉽게 건조되거나 향이 중요한 시료는 덮거나 밀봉한 상태로 제시하도록 한다.

2) 시료의 양과 크기

동일한 크기의 시료를 제시하며 시료를 대표할 수 있는 부분으로 반복해서 맛을 볼 수 있는 충분한 양을 제공하도록 한다. 평가 방법에 따라 평가물의 양을 조절하기도 하는데, 차이식별평가의 경우 음료는 보통 50mL, 고형식품은 30g 정도를 제시하며 소비자 기호도 평가에서는 차이식별평가의 2배 분량의 시료를 제공한다.

3) 시료의 수

(1) 일반적인 주의사항

한 번에 평가할 수 있는 시료의 수는 감각의 둔화나 정신적인 피로를 일으키지 않는 범위에서 정한다. 만일 시료의 수가 적정 지점을 넘어선다면 평가 결과가 뛰어난 분별력을 보일 수 없기 때문이다. 생강 음료, 고추장 등 향미가 강한 시료는 수를 줄이는 등 시료의 종류에 따라 시료의 수를 고려하도록 한다. 향기의 강도, 유지의 마취성, 그리고 다른 물리적 효과들도 모두 고려되어야 한다.

패널의 경험에 따라 시료의 수를 고려해야 하는데, 훈련된 패널의 경우 단일시험에서 1~3시간이 적당하며 일반적으로 훈련된 패널이 그렇지 않은 경우보다 더 긴 시간 동안 평가를 감당할 수 있다. 적당한 '휴식'은 패널들을 더 잘 할 수 있게 하지만 휴식시간이 패널들이 예상한 특정 시간을 초과하면 '시계를 보거나', '낮잠을 자거나', '다음 행동을 계획'하게 되어 좋은 데이터를 기대할 수 없게 된다. 평가자의 관심, 흥미, 격려, 동기에 따라 결과가 달라질 수도 있다. 그러므로 동기부여는 물리적 조건만큼 중요한 요소이며, 많은 평가에서 패널들이 분별하려는 욕구를 잃으면 물리적 능력도 마찬가지로 떨어지게 된다.

(2) 평가법에 따른 시료의 수

감각평가의 방법에 따라 적정한 시료의 수를 제시하도록 한다. 한 가지 형태 또는 한 부류의 생산품의 기호도를 평가할 때는 3~4개의 시료가 가장 적당하며 만약 패널들이 실험시간이 길어질 것을 예상하고 있으며 시료 간에 적절한 시간이 주어진다면 좀 더 많은 실험이 가능할 수도 있다. 이점비교평가 시에는 2개의 시료가 제시된다. 순위법의 경우 일반적으로 4~6개의 시료가 제시되며 너무 많으면 시각적 차이를 제외하고는 경계와 비교하게 되기에 혼란스러워진다. 훈련된 패널의 한 타입이나 부류의 평가에서는 제비뽑기로 시간당 2~6개의 시료를 평가하는 것이 적당하다.

4) 시료의 온도와 습도

가능하다면 시료는 보통 소비되는 온도와 습도에서 제시되는 것이 좋으며 평가가 진행되는 동안 모든 시료는 동일한 온도와 습도에서 제공되어야 한다. 식품의 조직감은 습도에 영향을 많이 받으며 향기가 나는 상품은 온도와 습도 모두에 영향을 받는다. 따라서 실험 내내 평가실의 온도와 습도를 일정하게 유지하기 위한 항온 · 항습실이 필요하며 스티로폼, 항온수조, 중탕기 등을 이용하여 시료 온도를 유지하거나 조절해야 한다. 일정한 온도에서 평가되는 시료의 경우 패널들은 시간을 엄수해야 같은 온도의 시료를 평가할 수 있다. 기호도 또는 선호도 평가의 경우 뜨거운 음식은 60~66℃, 빙과류는 -1~-2℃, 식용유는 45~50℃, 기타 4~10℃와 같이 일상적인 섭취 온도에서 행하도록 한다.

5) 동반식품

식품의 매운맛이나 강한 양념을 평가하기 전에 물이나 용액과 섞어 낮은 농도로 만드는 것을 희석(dilution)이라고 한다. 동반식품(carriers)이란 어떤 식품을 평가하고자 할 때 그 식품과 함께 제시되는 식품으로, 사용에 따른 오차가 생기지 않도록 충분히 고려하여 선택한다. 특성차이평가에는 보통 동반식품을 사용하지 않으나 사용 시에는 평가물의 특성을 가리지 않는 식품을 사용하며, 소비자 평가에서

표 5-1 동반식품의 예

평가시료	동반식품
잼	과자
핫도그	케첩
고추장	오이, 당근
마요네즈	오이, 당근
버터 스프레드	빵

는 평상시에 같이 사용되는 식품을 동반식품으로 이용한다.

6) 시료의 표시

시료의 표시(coding)를 할 때에는 편견을 유도하지 않도록 하며 A, B, C 혹은 1, 2, 3과 같은 표시는 피한다. 보통 난수표를 이용하여 무작위로 3자리 숫자를 사용한다. 무작위 3자리 난수표는 식품의약품안전처의 〈식품공전〉에서 제공하는 것을 이용할 수도 있고 엑셀에서 3자리 무작위 난수값을 얻기 위해서

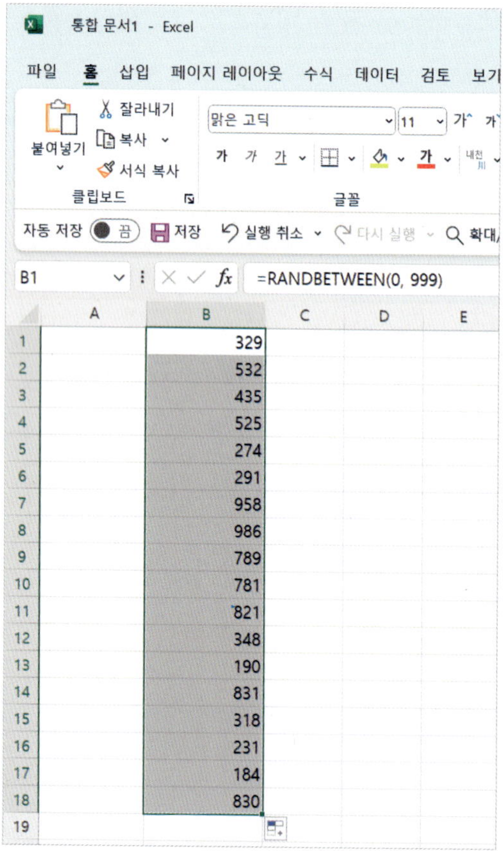

● 그림 5-2 엑셀의 RANDBETWEEN 함수 이용 난수표 생성

RANDBETWEEN 함수를 이용할 수도 있다. 엑셀의 RANDBETWEEN 함수는 두 가지 인수를 받는다. 윗줄 함수를 지정하는 셀에 =RANDBETWEEN(000, 999)를 입력하고 아래쪽 난수표를 시작하기 원하는 셀을 지정하여 커서를 클릭하고 엔터를 친 후 3자리 무작위 난수가 생성된 셀 오른쪽 아래를 아래로 죽 내리면 3자리 무작위 난수가 생성된다. 평가 결과를 컴퓨터에 직접 입력하는 경우에는 한 시료에 대해 각 패널에게 다른 표시를 사용하기도 한다.

표 5-2 〈식품공전〉에 고시된 난수표

	1	2	3	4	5	6	7	8	9	10	
1	95767	26878	94971	75204	64775	52647	35672	97456	89815	16767	1
2	81934	99378	73901	46997	11173	80744	51957	50801	25785	40475	2
3	64959	10235	55441	87439	04966	96170	22582	13512	60227	81391	3
4	88488	81729	60733	84690	94315	10841	99296	47844	87998	01066	4
5	22306	61346	09026	66275	78204	11563	67457	69438	98753	23478	5
6	01436	13553	53487	19706	30740	83272	69602	99251	81599	79264	6
7	35962	90832	21604	29620	01151	81945	61894	91583	41133	83955	7
8	80319	01462	60338	69763	32812	84076	10555	88707	92309	34505	8
9	32141	01977	57874	25052	11567	35505	04797	21900	81703	11848	9
10	99197	78637	67636	35765	36871	22555	94013	15118	81620	76730	10
11	04030	88194	08580	86080	76119	62260	81248	51732	89078	21940	11
12	99835	54210	80413	82015	07459	93910	93694	41184	65698	31977	12
13	26400	63946	83204	36388	30497	24021	93962	25555	00357	93441	13
14	64363	11259	59066	92948	72291	31804	82029	15789	04683	34455	14
15	82878	87304	33618	19490	88779	38883	14481	77089	58544	22761	15
16	19485	82792	88195	31877	74902	13212	02514	47152	17292	62081	16
17	72762	47963	14380	96130	74633	21388	22096	24987	50056	26487	17
18	53747	17433	51614	97763	90426	47833	58245	14890	77303	35338	18
19	84760	29591	96142	02207	79847	89559	66803	15461	39639	23187	19
20	42365	42338	66105	03782	83727	14200	57263	85617	95577	88654	20
21	44336	05322	04540	75989	51385	52279	16661	91446	48811	25346	21
22	52930	61970	05808	22807	85460	22723	61318	23281	63426	69030	22
23	50436	54490	50650	59386	25572	23267	44039	08759	33702	34580	23
24	24980	54548	49428	91704	86913	92940	86923	22428	47877	20510	24
25	94186	95540	75071	10076	10263	27664	98534	81171	61507	74976	25

(계속)

	1	2	3	4	5	6	7	8	9	10	
26	12359	46569	11050	90529	49289	94545	02258	20678	18898	50931	26
27	57132	49387	74792	50937	62339	43401	82825	03692	37836	68752	27
28	71239	49511	07466	15364	86050	31093	16730	73587	79875	43576	28
29	03935	83975	28893	66615	14015	22410	90938	35961	36373	84810	29
30	72801	73777	79101	26592	45424	00899	78462	74336	60478	13852	30
31	80252	11587	10862	11627	89857	07788	46817	55863	35713	44712	31
32	69388	92356	81282	33832	56676	35132	07119	27613	01304	70032	32
33	40225	60304	13526	47601	12751	19233	02057	28447	46676	29541	33
34	59925	62338	78784	63228	82603	31755	72733	80303	91066	52537	34
35	31172	89780	95384	51947	13841	74371	81016	39798	26690	00978	35
36	45587	42590	08443	20404	15100	74747	50642	34480	68080	23169	36
37	37819	60911	94740	05536	94042	17969	36747	92151	07501	67660	37
38	51402	74213	01105	15098	61470	23047	28521	58559	59305	08761	38
39	93873	99143	82254	53647	11010	68668	25888	36209	65412	00066	39
40	97645	51836	11835	99276	86466	67647	60834	30704	06711	11128	40
41	13123	15323	24885	74046	49145	99982	48231	26711	87670	22062	41
42	72110	70217	23475	48152	83457	01585	90915	69308	89090	77158	42
43	13751	40714	99330	05232	97056	40788	70005	36274	78649	50897	43
44	83809	98109	48292	06947	15924	08787	03919	72577	12906	80694	44
45	46264	57933	37607	58926	60772	62523	66260	95270	46469	45110	45
46	97426	78630	06115	44047	42350	88455	61426	08812	04255	87718	46
47	74715	09140	90315	03927	82118	00800	14314	06984	88951	10983	47
48	92481	55828	20144	77853	18100	13196	12279	20903	01252	00731	48
49	40176	70724	99476	34567	10214	97743	15770	78474	75691	59930	49
50	90176	19360	74015	89080	36337	40242	39621	71369	72350	73430	50

출처 : 식품의약품안전처 고시 제2022-69호(2022. 9. 15. 개정)

7) 시료 이외의 준비물

평가하기 전 입안의 잔미를 제거하거나 시료들의 둔화현상을 방지하기 위해 입가심용 식품을 제공하기도 한다. 입가심용 물은 무색, 무미, 무취의 이온이 제거된 증류수를 사용하여야 하며 기름기가 많은 음식 혹은 뒷맛이 남는 음식을 평가할 때는 따뜻한 물, 사과, 크래커, 식빵, 레몬워터 등을 시료와 함께 제시하여 시료 평가 사이사이에 입가심을 하게 한다.

8) 기타 일반적 조건

평가 전에 향기가 없는 비누를 준비하여 손을 씻도록 하고 향이 강한 화장품 혹은 입안 세척제의 사용을 금지하며 평가 30분 전에 껌이나 음식물의 섭취를 제한한다. 평가 시에 평가 방법 및 평가속도에 대해 명확히 이해시키고 동일한 방법으로 시료를 맛보도록 설명한다. 시료의 크기, 조직감, 색 등을 확인하여 차이가 있는지 알고자 할 때 그 특성들 이외의 것들은 동일하게 제시되도록 한다. 이는 두 시료의 단맛 차이를 질문했을 때 패널요원은 가능한 한 모든 면을 고려하여 답을 구하려는 자극 오차가 발생하기도 하고, 스낵 제품 중에 어떤 한 제품이 좀 더 노란색을 띨 경우 패널요원은 지방 산화와 연관하여 논리적으로 다른 냄새를 찾게 되는 논리적 오차가 생기기도 하기 때문이다.

시료의 외관이 평가에 영향을 줄 수 있는 경우 불빛을 줄이거나 색 전구를 쓰거나 색이 있는 시료 용기를 쓰거나 색을 첨가하거나 패널의 눈을 가리고 평가할 수 있으며 시료의 모양을 바꿀 수도 있다. 질문에서 속성에 영향을 미치지 않을 때는 형태, 조직감, 구성의 차이는 모든 시료를 섞어서 해결할 수 있으며 혼합, 부수기 등 파괴적 방법은 조직감이 문제일 때에는 피해야만 한다. 예를 들어, 신선한 과일이나 채소 등은 잘렸을 때 효소들이 나와 풍미를 변하게 할 수도 있고 비누 같은 것들은 모양이 바뀌면 마찬가지의 문제를 발생시킬 수 있다. 가공제품의 경우에 차이식별, 묘사분석, 선호도 및 기호도 평가 등의 감각평가 방법에 따라서 평가용 시료를 따로 마련해야 한다. 하나의 실험에서 시료 내에서 차이가 큰 경우에 묘사분석을 해야 한다면, 그 시료의 대표적이며 동질적인 시료를 사용하는 것이 바람직하다. 예를 들면, 김치 혹은 마른오징어 같은 시료는 일정 부위를 일정한 크기로 썰어 시료로 사용하는 것이 바람직하다.

9) 시료의 제시 순서

1개 이상의 시료를 평가할 때 시료의 제시 순서는 평가 결과에 매우 큰 영향을 미친다. 패널들은 시료의 특성뿐 아니라 시료의 순서에 따라서도 다르게 답하기 때문이다. 시료의 제시 순서에 따라서 시간 오류, 대조 효과, 위치 오류 등이 나타나기도 한다. 이러한 오류는 패널의 경험에 따라서 상당히 감소할 수 있으며 이러한 문제의 제어를 위해 시료들을 균형 있게 배치(balanced order)하거나 임의배치(random order)해야 한다. 균형 있게 제시하는 경우 패널의 수를 그 모든 조합의 수로 하여 동일한 횟수를 만들고 모든 평가 동안 같은 숫자로 각각 다른 시료들을 패널들에게 제공하여 순서의 균형을 맞춘다. 이런 특정한 균형의 맞춤이 불가능

표 5-3 일-이점평가에서의 균형 있는 배치의 예

균형 기준(A와 B 모두)

기준시료(A′)	A/B	B/A
기준시료(B′)	A/B	B/A

동일 기준(A)

기준시료(A′)	A/B	B/A

표 5-4 삼점평가에서의 균형 있는 배치의 예

균형이질시료(A와 B 모두)

A/B/A	A/A/B	B/A/A
B/A/B	B/B/A	A/B/B

동일이질시료(B)

A/B/A	A/A/B	B/A/A

표 5-5 순위법에서의 균형 있는 배치의 예

3개의 시료 A, B, C가 있을 때

A/B/C	A/C/B	B/C/A	B/A/C	C/B/A	C/A/B

위와 같은 6개의 조합이 가능하며, 패널요원의 수를 6의 배수로 하여 모든 조합이 동일한 횟수로 제시되도록 한다.

하면, 무작위로 시료들을 배열하도록 한다. 또한 시료의 제시 순서에 따라 양질의 시료를 먼저 제시하고 저질의 시료를 제시하는 경우 두 번째 시료가 더 낮은(저질의 시료만 제시되는 경우에 비해) 점수를 받게 되고, 저질의 시료를 먼저 제시하고 양질의 시료를 제시하는 경우 두 번째 양질의 시료가 더 높은(양질의 시료만 제시되는 경우에 비해) 점수를 받게 되는 대조 효과(contrast effect)가 발생할 수도 있다. 대조 효과로 인하여 두 번째 시료를 선호하거나 더 강하게 느끼는 문제를 해결하기 위해 맛보기 시료(warm-up sample)를 제시함으로써 오류를 감소시키는 방법이 제안되고 있다. 삼점평가에서 감지하기 어려운 만큼의 작은 차이가 있는 경우 세 시료 중 가운데 위치한 시료를 다르다고 하는 경향인 위치 오류(positional bias)가 나타나기도 한다. 따라서 이러한 문제가 발생하는 것을 막기 위하여 시료들을 균형 있게 배치하거나 임의의 순서로 배치하여 제시하여야 한다.

CHAPTER 6

척 도

CHAPTER 6

척 도

평가의 척도(scaling)는 반응에 대한 강도값을 나타내는 방법들로, 제품의 특징이나 속성에 따라 실험 목적에 부합하고 사용하기 편리하며 평가 시 편견을 주지 않는 척도를 선택해야 한다. 또한 차이의 식별에 민감하며 다양한 통계적 분석이 가능한 척도를 고르도록 한다. 척도가 반드시 숫자로 표시될 필요는 없다. 패널들이 자신의 관점을 분명히 나타내기 위해 표시선을 비롯해 강도나 순서를 측정하는 다양한 방법들을 사용할 수 있다. 숫자로 표시되지 않는 척도들도 보통 통계적 분석의 결과 처리와 분석단계에서 수치로 변형된다. 일반적으로 척도는 크게 분류나 명목을 위한 명목척도, 순서나 순위를 측정하기 위한 서수척도, 척도 간의 간격이 일정하다고 가정하여 특성의 차이나 기호를 측정하는 간격척도, 두 특정점 간 비율의 동일성이나 크기 추정을 위한 비율척도의 네 가지로 구분한다.

1. 척도의 종류

1) 명목척도

명목척도(nominal scale)는 서열이나 순서에 관계없이 자료나 지각의 종류를 카테고리로 분류하며 카테고리 간의 크기 관계는 나타내지 않는다. 명목척도는 패널들의 카테고리(예를 들어 성별, 나이, 또는 패널의 소속 등)를 알기 위해 사용된다. 비록 척도로 분류되어 있지만 어떤 사람들은 명목척도를 척도 측정으로 분류하지 않기도 한다. "이 제품의 어떤 점을 좋아하십니까?"라고 질문하여 제품의 어떤 점을 좋아하는지를 표시하게 하는 것도 명목척도이다. 분석은 백분율과 빈도 등으로 할 수 있고 명목척도를 이용하면 제품에 대한 특정 속성이 있는지를 알아볼 수도 있다.

표 6-1 명목척도 평가표의 예

<table>
<tr><td colspan="3">이름 :</td><td colspan="3">날짜 :</td></tr>
<tr><td colspan="6">집에서 자주 드시는 반찬은 무엇입니까? 해당하는 것에 모두 표시하여 주십시오. 예문에는 없으나 특히 자주 드시는 반찬이 있다면 기타에 작성을 부탁드립니다.</td></tr>
<tr><td>김치</td><td></td><td>김구이</td><td></td><td>김치찌개</td><td></td></tr>
<tr><td>깻잎</td><td></td><td>달걀찜</td><td></td><td>된장찌개</td><td></td></tr>
<tr><td>떡갈비</td><td></td><td>두부구이</td><td></td><td>멸치볶음</td><td></td></tr>
<tr><td>장조림</td><td></td><td>제육볶음</td><td></td><td>콩나물</td><td></td></tr>
<tr><td>기타</td><td colspan="5"></td></tr>
<tr><td colspan="6">의견 :

수고하셨습니다.</td></tr>
</table>

2) 서수척도

서수척도(ordinal scale)는 수나 단어를 '최고'에서 '최저', 혹은 '가장 많은'에서 '가장 적은'의 기준으로 나타내는 것이다. 서수척도는 순위법에서 가장 많이 이용되는 척도이다. 순위법은 시료 간 특성에 대한 순위는 알 수 있으나 특성의 강도가

표 6-2 서수척도 평가표의 예 1(순위법)

이름 :	날짜 :
다음 세트에서 가장 매운맛 시료가 1순위, 매운 정도가 가장 낮은 시료가 5순위가 되도록 순위를 정하여 주십시오.	

가장 매운 순서	991	167	548	684	234

수고하셨습니다.

표 6-3 서수척도 평가표의 예 2(순위법과 평점법의 병행 1)

이름 :	날짜 :
다음 시료의 단맛 특성을 잘 설명한 곳에 ✓ 표시하여 주십시오.	

맛의 강도		시료	
		967	541
		맛	맛
없음(none)	10		
약함(slight)	9		
	8		
보통(moderate)	7		
	6		
강함(strong)	5		
	4		
	3		
극히 심함(extreme)	2		
	1		

수고하셨습니다.

● **표 6-4** 서수척도 평가표의 예 3(순위법과 평점법의 병행 2)

<table>
<tr><td>이름 :</td><td colspan="10">날짜 :</td></tr>
<tr><td colspan="11">967과 541 시료의 특성에 해당하는 네모에 ✓ 표시하고 해당 시급번호를 작성하여 주십시오.</td></tr>
<tr><td>특성 A</td><td>☐
밝은 ←</td><td>☐</td><td>☐</td><td>☐</td><td>☐</td><td>☐</td><td>☐</td><td>☐</td><td>☐
→ 어두운</td></tr>
<tr><td>특성 B</td><td>☐
약한 ←</td><td>☐</td><td>☐</td><td>☐</td><td>☐</td><td>☐</td><td>☐</td><td>☐</td><td>☐
→ 강한</td></tr>
<tr><td colspan="11">수고하셨습니다.</td></tr>
</table>

얼마나 다른지는 알 수 없는 제한점이 있다. 특성 강도의 차이를 시료들의 특성에 대한 순위와 함께 평가하기 위하여 순위법과 평점법(rating scale)을 병행할 수 있다.

3) 간격척도

간격척도(interval scale)는 제품 특성의 강도를 연속적인 균일한 간격으로 가정한 것이다. 임의로 0이나 1로 시작하여 특성의 강도가 점점 커지면 숫자도 증가하며, 척도 안에서 반응의 강도나 크기를 표시할 수 있도록 고점, 저점, 혹은 중간점을 표시할 수 있다. 간격척도는 서수척도처럼 반응에 대한 특성의 순위뿐 아니라 특성들의 차이의 크기 정도도 측정이 가능하다. 간격척도는 묘사분석에서 특성의 강도를 측정하는 데 사용하거나 기호도 평가에서 기호의 정도를 측정할 수 있다.

간격척도의 평점척도(rating scale)는 구간척도(structured scale)라고도 하는 9점, 7점 혹은 10점 등의 항목척도(category scale)와 선척도(line scale)를 포함한다. 선척도는 선으로 도식화한 척도(graphic scale)이며 비구간척도(unstructured scale)라고도 한다. 선척도는 대개 15cm 또는 6인치의 직선상에서 특성을 인지하는 강도만큼을 표시하게 하는 방법이다.

평점척도는 자극에 대해 각 제품이 지닌 특정한 속성의 양 또는 강도를 반영하는 척도 가치를 지정하며, 명목척도나 서수척도와는 달리 제품이 지닌 특성의 강도 크기의 정도와 순서를 나타낼 수 있다. 평점척도를 이용한 결과 해석을 할 때에는 척도의 눈금 간격이 같고 정규분포를 따른다면 모수적 통계방법으로 평균, t검정, 분산분석 등으로 유의성을 검정하고 시료 간의 다중비교분석을 실시할 수 있다.

● **표 6-5 평점척도의 예**

번호	구획	척도	단어 구획 척도
0	0	없음(none)	없음(none)
1	1	겨우 인지(threshold)	겨우 인지(just detectable)
2	2.5	아주 약함(very slight)	아주 약함(very mild)
3	5	약함(slight)	약함(mild)
4	7.5	보통 약함(slight-moderate)	약함-분명함(mild ditinct)
5	10	보통(moderate)	분명함(distinct)
6	12.5	보통 강함(moderate-strong)	분명함-강함(distinct-strong)
7	15	강함(strong)	강함(strong)

● **표 6-6 평점척도 평가표의 예**

이름 : 날짜 :

제시된 시료를 왼쪽부터 맛보고 시료의 강도에 대해 평가하십시오.

시료 번호	172	841	432	693
1(감지 불가능하다.)				
2				
3(약하게 감지할 수 있다.)				
4				
5(보통 감지할 수 있다.)				
6				
7(강하게 감지할 수 있다.)				
8				
9(극도로 강하게 감지할 수 있다.)				

수고하셨습니다.

표 6-7 선척도 평가표의 예 1

이름 :	날짜 :
다음 선척도 위에 996과 870 시료의 특성에 해당하는 곳에 ✓ 표시하여 주십시오.	

특성			
단 정도	약한	보통	강한
거친 정도	매끄러운	보통	거친

수고하셨습니다.

표 6-8 선척도 평가표의 예 2

이름 :	날짜 :
아래의 선척도 위에 204와 657 시료의 특성에서 해당하는 곳에 ✓ 표시하여 주십시오.	

특성		
특성 A	약한	강한
특성 B	약한	강한

수고하셨습니다.

4) 비율척도

비율척도(ratio scale)는 두 개 이상의 반응에 대한 상대적 비율 관계를 구체적으로 보여 주는 것으로 제품 간의 비율적 차이를 숫자(또는 다른 치수)로 표시한다. 비율척도 중에 가장 많이 쓰는 척도는 크기추정척도(magnitude estimation scale)이며 다음 절에서 자세히 설명하였다.

2. 특정 목적을 위한 척도

모든 척도는 위의 네 가지 분류 영역에 모두 속하나 어떤 척도들은 특정한 목적을 위해 고유의 척도 이름으로 더 많이 사용되기도 한다. 이들 척도는 척도 사용이 쉽고 인지도가 높으며 습관적으로 사용되어 감각평가에서 많이 사용되고 있다.

1) 기호척도

다수의 소비자를 대상으로 하는 기호도 평가에서는 9점 기호척도가 가장 많이 이용되며 헤도닉 스케일(hedonic scale)이라고도 한다. 기호도 평가는 제품의 잠재 소비자를 대상으로 하는 주관적 평가이므로 평가 대상이 많을수록 좋다. 전문가의 기호평가가 필요하거나 평가 특성상 많은 소비자를 구하기 어려운 경우 최소한 30~50명 이상의 규모는 갖출 수 있도록 해야 한다. 기호척도를 사용한 소비자 검사를 할 때에는 반복이나 훈련을 하지 않고 잠재 소비자를 대상으로 실시하며 분석은 분산분석을 이용하여 시료 간의 유의성 검정을 한다.

표 6-9 9점 기호척도 평가표의 예

이름 : 　　　　날짜 :

시료에 대한 느낌을 가장 잘 표현하는 곳에 ✓ 표시하여 주십시오.

시료 번호	986	147	599	384
대단히 싫다(dislike extremely)				
매우 싫다(dislike very much)				
보통 싫다(dislike moderately)				
약간 싫다(dislike slightly)				
좋지도 싫지도 않다(neither like nor dislike)				
약간 좋다(like slightly)				
보통 좋다(like moderately)				
매우 좋다(like very much)				
대단히 좋다(like extremely)				

수고하셨습니다.

2) 얼굴척도

얼굴척도(face scale)는 도식화한 척도(graphic scale)이며 이 척도는 주로 어린이들이나 이해도에 제한이 있는 패널을 대상으로 기호도 평가를 할 때 사용한다. 얼굴척도는 그 얼굴이 표현하는 묘사 용어와 같이 이용하기도 한다.

표 6-10 얼굴척도 평가표의 예

이름 :		날짜 :		
시료에 대한 느낌을 가장 잘 표현한 그림은 어느 것입니까?				
 대단히 싫다	 약간 싫다	 좋지도 싫지도 않다	 약간 좋다	 대단히 좋다
				수고하셨습니다.

3) 크기추정척도

크기추정척도(magnitude estimation scale)는 평점척도의 특수한 형태로 시료의 특성 강도가 대조군 시료의 특성 강도의 몇 배인지를 비교하여 측정하는 척도이다. 크기추정척도를 이용하는 평가에서 패널요원들은 첫 번째 시료에 적당한 값(예를 들어, 30에서 50 사이)을 부여하도록 지시를 받는다. 그 다음에 기준시료와 비교해서 각각의 비교 시료들의 강도의 크기를 비례 배율로써 평가한다. 예를 들어, 냄새의 강도를 추정하기 위해 패널요원은 그들이 맡은 냄새가 전의 냄새보다 강도가 두 배 크다면 두 배 크기의 숫자를 지정하며, 시료의 냄새 강도가 기준시료의 절반 정도이면 절반 크기의 숫자를 적는다. 이 방법을 교육하기 위해 기하학적인 도형의 면적과 단어 리스트의 상대적 크기 정도를 추정하는 연습을 하도록 한다. 기준시료의 비율은 평가표에 주어질 수도, 주어지지 않을 수도 있다. 이는 평가되는 제품의 특성을 기초로 해서 조사자가 정해야 한다. 일반적으로 크기추정척도 자료들은 로그형식으로 표준화하여 분석한다. 따라서 로그가 0 또는 음수를 가질 수 없으므로 패널요원들은 0이나 음수를 이용하지 않도록 훈련한다. 크기추정척도에 대한 데이터는 과정을 '표준화(normalization)' 혹은 '규격화(standardization)'하는데 이를 '재척도화(re-scaling)'라는 용어로 사용할 것을 권장한다. 자료 분석은 결과를 재척도화하여 분산 분석할 수 있다. 크기추정척도는 대부분의 다른 평점법 방법들보다 척도의 양끝 점수 효과(end effects)나 범위-빈도 효과(range-frequency

표 6-11 크기추정척도 평가표의 예 1

이름 :	날짜 :
기준시료를 맛보고 단맛에 100점을 주십시오. 다음 시료를 맛보고 단맛의 비율을 빈칸에 적어주십시오. 단, 0이나 음수를 사용할 수 없습니다.	
기준시료 (526)	100
비교시료 (153)	
비교시료 (214)	
의견 : 수고하셨습니다.	

표 6-12 크기추정척도 평가표의 예 2

이름 :	날짜 :
기준시료를 맛보고 단맛에 점수를 주십시오. 다음 시료를 맛보고 단맛의 비율을 빈칸에 적어주십시오. 단, 0이나 음수를 사용할 수 없습니다.	
기준시료 (526)	
비교시료 (153)	
비교시료 (214)	
의견 : 수고하셨습니다.	

effects) 등에 덜 민감하다. 양끝 점수 효과는 응답자들이 극단적인 항목들을 피하려 하거나 응답(반응)이 척도 한 끝으로 비스듬해질 때 나타나는 현상이다. 범위-빈도 효과는 응답자들이 모든 가능한 항목에 고르게 대답을 하려는 경향이다.

4) 적당척도

적당척도(JAR, Just-About-Right scale)는 제품 속성의 개선점을 찾아내기 위한 대규모 소비자 평가에 사용되는 마케팅 조사에 주로 적용된다. 이 척도는 항목이 3개 혹은 5개 있는 척도로 주로 사용되며 패널 크기가 100명 이상인 소비자 평가에 유용한 척도이다. 또한 제품 특성의 작은 차이점을 알아내는 데는 한계가 있으나 품질평가의 합격이나 불합격 등을 안내하는 제품의 길잡이로서 유용하게 이용될 수 있다. 적당척도에서 소비자들은 제품의 특성이 적당한지, 너무 약한지 강한지, 너무 적은지 많은지, 너무 밝은지 어두운지 등을 평가한다. 이 척도는 선호도와 같이 보통 다른 제품에 대해 질문을 하기 위한 평가의 일부로 활용된다. 척도상에서 '딱 적당한 정도(just-about-right)'는 가운데, 그리고 너무 약하거나 너무 강함과 같은 특성 항목은 같은 수로 양쪽 옆에 표시한다. 결과의 분석은 특성의 딱 적당함을 중심으로 양분되는 척도이므로, 각 항목에 대한 백분율로 분석하는 것이 가장 일반적이다.

적당척도를 자주 사용하여 품질관리를 하는 경우, 3항목과 5항목 척도에서 적당한 비율이 최소 몇 퍼센트이면 제품의 특성이나 품질을 수용할 것인지를 자체적으로 확립하는 것이 좋다. 일반적으로 회사에서 적당척도를 이용한 품질 평가를 할 때 JAR 항목이 최소한 70% 이상이 되면 그 제품의 품질이나 특성을 수용할 수 있다. 회사에서는 제품의 대표 특성별 적당척도 항목의 최소 수준을 정해 놓고 적당척도 항목이 최소 수준을 만족하지 못하였을 때는 적당척도 항목과 그 외 항목에 대해 χ^2-검정 등 통계분석을 하여 향후 제품 개발 방향을 제안할 수 있다. 적당척도의 〈예 1〉에서 3항목과 5항목을 한꺼번에 보여 준 것은 편의상 두 가지 방법의 예를 한꺼번에 들어 본 것이며 하나의 척도표에 두 가지 적당척도를 한꺼번에 이용하지는 않는다.

● **표 6-13** 적당척도 평가표의 예 1

이름 :	날짜 :

다음을 맛보고 시료의 느낌을 가장 잘 표현한 부분에 ✓ 표시하여 주십시오.

냄새		( )	( )	( )	
		약하다	딱 적당하다 (JAR)	강하다	
단맛	( )	( )	( )	( )	( )
	매우 약하다	약간 약하다	딱 적당하다 (JAR)	약간 강하다	매우 강하다

의견 :

수고하셨습니다.

● **표 6-14** 적당척도 평가표의 예 2

이름 :	날짜 :

다음을 맛보고 시료의 느낌을 가장 잘 표현한 내용에 ✓ 표시하여 주십시오.

구분	scale	967	541
단맛	너무 강하다		
	강하다		
	딱 적당하다(JAR)		
	약하다		
	너무 약하다		
아삭한 정도	너무 강하다		
	강하다		
	딱 적당하다(JAR)		
	약하다		
	너무 약하다		

의견 :

수고하셨습니다.

● 적당척도 사용의 예

적당척도를 이용하여 A-자사와 B-경쟁사 제품의 두 속성(단맛의 정도, 아삭거리는 정도) 수준의 품질을 평가하고자 한다. 그리고 자사 제품의 특성에 대한 JAR이 회사가 정해 놓은 최소 수준인 70%를 넘지 않는 경우, 그 특성의 강도를 조절하기 위해 어느 방향으로 가야 하는지를 제안하려고 한다.

3항목의 적당척도가 사용되었고 100명의 소비자로부터 다음과 같은 결과를 얻었다.

구분	scale	제품 A(%)	제품 B(%)
단맛 (sweetness)	너무 달다(too sweet) 딱 적당하다(JAR) 덜 달다(not sweet enough)	3 81 17	11 64 25
아삭한 정도 (crunchness)	너무 아삭하다(too crunch) 딱 적당하다(JAR) 덜 아삭하다(not crunch enough)	42 47 11	3 86 11
계		100	100

위의 평가 결과에 의하면 제품 A의 단맛 적당한 정도는 81%로 회사가 정해 놓은 최소 수준인 70%가 넘었고 제품 B의 적당한 정도보다 더 적절하였다. 아삭한 정도의 경우, 제품 B가 86%로 회사가 정해 놓은 최소 수준인 70%가 넘었고 제품 A보다 적절하였으며 제품 A는 너무 아삭하다고 평가한 비율이 42%로 나타났다. 이 결과에 의하여, 자사 제품 A는 단맛에 영향을 주지 않으면서 아삭한 정도를 줄일 방안을 계속 연구할 것을 제안할 수 있다.

CHAPTER 7

차이식별평가

CHAPTER 7

차이식별평가

차이식별평가(discriminative test)는 제품의 특징이나 품질의 차이를 조사하거나, 차이식별평가를 위한 패널요원을 선정하는 데 사용된다. 차이식별평가가 기존 제품의 품질 개선에 사용될 때는 바람직하나, 단순히 값싼 재료로 바꾸기 위해 사용되는 것은 바람직하지 않다. 이 평가는 민감도가 높은 방법으로, 평가에 포함된 시료들 간의 차이가 아주 적을 때 더욱 효과적으로 사용될 수 있다. 평가물 간의 차이를 분석적으로 평가하는 방법이어서 평가에 참여하는 패널요원들의 예민도(sensitivity)가 요구되므로, 패널들의 훈련이 필요하며 기호도가 개입되지 않아야 한다. 차이식별평가는 크게 종합적 차이식별평가(overall difference test)와 특성차이평가(attribute difference test)로 나눠진다.

1. 종합적 차이식별평가

2개의 시료 간에 전체적인 차이의 유무를 조사하기 위하여 사용되며, 연구자가 지정한 특정 성질에 대한 차이를 조사하기 위해서는 사용될 수 없다. 종합적 차이식별평가는 식품 가공에 있어 처리 효과[재료 함량(농도)과 종류, 가공방법, 포장법, 저장 조건 등]에 따른 기존 대비 변경 제품의 차이 여부를 조사하기 위하여 사용된다. 특히 한두 가지 특성 변화가 아닌 식품의 총체적인 특성을 종합적으로 고려하여 차이 여부를 판단하고자 할 때에 사용된다. 가장 대표적으로 사용되는 종합적 차이식별평가의 종류에는 삼점평가(triangle test), 일-이점평가(duo-trio test), 단순차이평가(simple difference test), A-부A평가(A-not A test), 다표준시료평가(multiple standard test) 등이 있다.

1) 삼점평가

삼점평가(triangle test)는 2개의 시료 간의 차이 유무를 알기 위해 시행되는 방법이다. 삼점평가의 경우 총 3개의 시료를 패널요원에게 제시하게 되는데, 3개의 시료

● **그림 7-1** 삼점평가 시 시료 제시의 예

는 동일한 2개의 시료와 서로 다른 1개의 시료로 구성된다. 3개의 시료를 동시에 또는 연달아 제시하고 패널요원에게 다른 시료를 선택하도록 지시한다. 삼점평가는 차이점이 적을 때 응답자들이 틀린 답을 선택할 확률이 이점비교평가나 일-이점평가의 1/2 확률보다 적은 1/3 확률 정도로 낮아 통계적으로 유리하다.

삼점평가는 종합적 차이식별평가 중에서 비교적 정확하게 차이를 식별한다고 인정되어 가장 많이 쓰이는 평가 방법이다. 원리는 3개의 시료 중 2개의 시료는 같고 1개의 시료는 다르게 하는 것으로 이것을 홀수 시료라고 하며, 패널요원은 왼쪽부터 순서대로 맛을 본 후 3개의 시료 중 다른 1개의 시료(홀수 시료)를 찾아낸다. 패널요원은 평가 방법과 제품에 대해 익숙한 사람으로 일반적으로 20~40명이 동원되나, 차이가 큰 경우에는 12명 정도, 차이가 적은 경우에는 50~100명이 동원되며 반복을 통해 응답 수를 증가시키기도 한다. 진행 시 제공될 수 있는 시료의 조합은 6가지(A/A/B, A/B/A, B/A/A, B/B/A, B/A/B, A/B/B)이며, 시료 제시 순서와 위치, 순위 오차를 제거하기 위하여 무작위로 배치하거나 균형 있게 배치하여 패널요원에게 제공한다. 감각의 둔화 현상을 고려하여 한 번의 평가에 4개 세트 이하(총 12개의 시료)를 포함하는 것이 바람직하다. 패널요원이 반복하여 동일한 시료들을 평가하는 경우 매번 제시되는 시료의 번호를 변경해야 한다.

표 7-1 삼점평가표의 예 1

이름 :						날짜 :
아래에는 3개 시료로 구성된 3개 세트가 준비되어 있습니다. 각 세트에서 3개의 시료 중 2개는 같고 1개는 다른 시료입니다. 각 세트별로 다른 시료를 골라 해당하는 번호의 오른쪽 괄호에 ○ 표시하여 주십시오.						
세트	시료번호		시료번호		시료번호	
1	513	( )	312	( )	524	( )
2	488	( )	675	( )	201	( )
3	912	( )	542	( )	474	( )
의견 :						
						수고하셨습니다.

표 7-2 삼점평가표의 예 2

이름 :	날짜 :

먼저 시료의 왼쪽에서 오른쪽으로 제시된 순서대로 시료번호라고 표시된 곳에 시료의 번호를 적어주십시오. 제시된 3개의 시료 중 2개는 같고 1개는 다른 시료입니다. 다른 시료를 골라 번호의 오른쪽에 ○ 표시하십시오.

세트	시료번호		시료번호		시료번호	
1	(　　)	______	(　　)	______	(　　)	______
2	(　　)	______	(　　)	______	(　　)	______
3	(　　)	______	(　　)	______	(　　)	______
4	(　　)	______	(　　)	______	(　　)	______

의견 :

수고하셨습니다.

통계분석은 삼점평가에서 우연히 맞힐 확률이 1/3이라는 데 근거하여 작성된 통계표(부록 표 A 참조)에서 전체 응답 수에 대한 정답 수를 비교하여 분석한다.

삼점평가 사용의 예 1

기존 제품(A)과 신제품(B) 간의 차이를 알아보기 위하여 60명의 패널을 동원하여 삼점평가를 실시하였다. 그 결과는 다음과 같다.

제시 순서	시료를 고른 사람 수	해당 제시 순서로 평가한 평가자 수
AAB	1 2 7	10
ABA	3 4 3	10
BAA	6 3 1	10
ABB	6 2 2	10
BAB	3 3 4	10
BBA	4 3 3	10
계	29	60

정답 수는 7+4+6+6+3+3=29(부록 표 A 참조)로 유의적 차이를 표명할 수 있는 최소 정답 수는 각각 5%와 1%에서 27과 29이므로 정답 수 29는 1% 수준에서 유의적이다. 즉, 1% 수준에서 신상품은 기존상품과 다르다.

● 삼점평가 사용의 예 2

기존 제품(A)과 제품 B, C, D를 비교하는 사례에서 참가 패널요원은 10명이었다. 가능한 비교조합은 다음과 같다.

A/A/B	A/B/B
A/A/C	A/C/C
A/A/D	A/D/D

조합은 각각 무작위로 배치하였으며 평가는 모두 4회 반복하여 수행되었다. 평가표로 제시한 결과는 다음과 같다(부록 표 A 참조).

제품	B	C	D
정답 수	21	15	19
(N=40)	$p<0.01$	NS	$p<0.05$

패널요원 10명이 4회 반복하여 수행하였으므로 검사자 수 40명 중 유의적 차이를 표명할 수 있는 최소 정답 수는 $\alpha=0.05$ 수준에서 19, $\alpha=0.01$ 수준에서 21이다. 따라서 신제품 C는 제품 A와 차이가 없으며 제품 B와 D는 A와 차이가 있는 것을 알 수 있다. 차이의 근거를 파악하려면, 품질 면에서 중요한 몇 가지 특성의 강도를 조사할 수 있는 특성차이평가를 하거나 묘사분석을 한다.

2) 일-이점평가

일-이점평가(duo-trio test)는 삼점평가와 동일하게 2개의 시료 간의 차이 유무를 알기 위해 시행되는 방법이다. 2개 시료의 차이 유무를 확인하기 위한 평가이지만 패널요원에게 제시되는 시료의 수는 삼점평가와 마찬가지로 세 가지이다. 단, 제시되는 시료 중 하나는 기준시료(R)로 표시되어 있다.

일-이점평가는 시료 2개의 차이를 식별하는 데 사용하는데, 삼점평가가 적합하지 않을 때 유용하다. 예컨대 시료의 향미가 강해 평가 후 입안에 후미 혹은 잔여물이 오래 남는 경우, 패널요원들이 시료를 평가하기 위해 시료의 맛을 보는 횟수를 최소화하고자 할 때에 사용된다. 일-이점평가에서 시료를 제시할 때는 삼점평가와 마찬가지로 패널요원에게 3개의 시료를 동시에 제공하나 이 중 1개는 기준시료(reference sample)로 지정하여 먼저 평가하도록 하고, 나머지 2개의 시료는

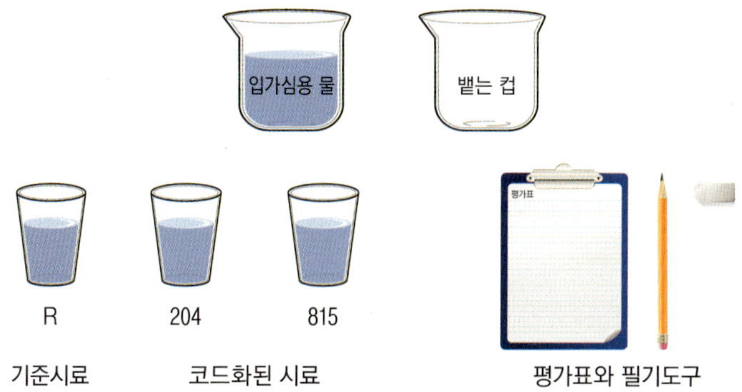

● **그림 7-2** 일-이점평가 시 시료 제시 예

코드화하여 제시하여, 코드화된 시료 2개 중 기준시료(R)와 같은 시료가 무엇인가 선택하도록 한다. 진행 시 패널요원에게 2개의 시료(A, B)와 이들 중 어느 하나와 같은 기준시료(A′ 또는 B′)를 제시하고 기준시료와 같은 시료를 골라내도록 지시한다. 기준시료를 선정하는 방법에는 패널요원 모두에게 동일한 기준시료를 제공하는 동일기준시료(constant reference) 제시법과 패널요원에게 각 시료를 균형 있게 기준시료로 정하여 제시하는 균형기준시료(balanced reference) 제시법이 있다. 동일기준시료는 패널요원에게 잘 알려진 제품이 계속 기준시료가 되는 경우(A′-AB,

● **표 7-3** 일-이점평가표의 예

이름 :	날짜 :
다음에 R로 표시된 시료와 번호가 기재된 2개의 시료가 있습니다. 먼저 R을 맛본 후 나머지 시료들을 맛보고 R과 같은 시료를 선택하여 그 시료에 ○ 표시하십시오. R　　　356 (　　)　　　824 (　　)	
의견 : 수고하셨습니다.	

A′-BA)이며, 균형기준시료는 각 시료가 균형 있게 기준시료로 사용되는 경우(A′-AB, A′-BA, B′-AB, B′-BA)에 해당한다.

통계분석을 할 때는 일-이점평가용 통계분석표(부록 표 B 참조)의 단측검정(one-tailed test) 혹은 양측검정(two tailed test)란에서 전체 응답 수와 정답 수를 비교한다.

● 일-이점평가 사용의 예 1

기존 제품(A)과 신제품(B) 간의 차이를 알아보기 위하여 60명의 패널을 동원하여 균형기준시료를 이용한 일-이점평가를 하였다. 결과는 다음과 같다.

A 기준시료	A B / B A	B 기준시료	A B / B A
해당 시료를 선택한 사람 수	10 5 / 7 8	해당 시료를 선택한 사람 수	8 7 / 9 6

정답 수는 10+8+7+9=34(부록 표 B 참조)로 패널 요원 50명 중 유의적 차이를 표명할 수 있는 최소 정답 수는 각각 5%(α=0.05)와 1%(α=0.01)에서 32와 34이므로 정답 수 34는 1% 수준에서 유의적이다. 즉, 1% 수준에서 신상품은 기존 상품과 다르다.

● 일-이점평가 사용의 예 2

제품의 저장성 향상을 위하여 방부제를 첨가하게 되었다. 제품에 방부제를 첨가할 경우 첨가하지 않은 제품과 차이가 나지 않는 수준에서 농도를 결정하고자 한다. 방부제를 첨가하지 않은 제품 A와 농도를 달리하여(B-0.125ppm, C-0.250ppm) 방부제를 첨가하고 동일기준시료를 이용한 일-이점평가를 수행하였다. 참여한 패널요원은 8명이었고, 기준시료는 다음과 같이 동일 기준으로 하였으며, 평가는 2일에 걸쳐 반복 수행되었다.

동일기준시료 R(A′)	SET 1	A/B
	SET 2	A/C

그 결과는 다음과 같다(부록 표 B 참조).

방부제 수준(ppm)	0.125	0.250
첫째 날 정답 수	5	7
둘째 날 정답 수	5	7
합계	10	14
(N=16)	NS	$p<0.01$

(계속)

패널요원 8명이 2일에 걸쳐 반복 수행하였으므로 검사자 수 16명 중 유의적 차이를 표명할 수 있는 최소 정답 수는 α=0.05 수준에서 12명, α=0.01 수준에서 14명이다. 따라서 방부제 0.125ppm을 첨가한 것은 감지되지 않고, 0.250ppm을 첨가한 것은 감지되는 결과를 보였으므로 방부제 첨가수준을 0.125ppm으로 결정할 수 있다.

● 일-이점 평가 사용의 예 3

현재 시장에 나와 있는 Salsa라는 제품에 사용되는 향신료를 대체할 제품이 필요하다. 이 신제품은 현 제품과 차이가 없어야 한다. Salsa제품의 경우 제품의 특성상 고유의 향미가 강하기 때문에 기존 Salsa와 대체 향신료를 적용한 변경 Salsa 에 대한 일-이점평가법이 채택되었고, 총 18명의 패널요원이 평가에 참여하였다.
그 결과로 패널요원 중 10명의 패널요원이 정답을 말하였다. $p<0.05$ 수준에서 13명이 정답을 말하면 유의적 차이가 있음이 증명된다(부록 표 B 참조). 그래서 우리는 차이점을 발견하지 못하였고 대체품이 사용 가능하다고 결론지었다. 이처럼 일-이점평가는 적은 수의 패널요원들로 평가할 수 있다.

3) 단순차이평가

단순차이평가(simple difference test)는 단순이점대비법(simple paired comparison)이라고도 한다. 이 방법은 삼점평가나 일-이점평가가 적합하지 않을 경우에 유용하게 사용할 수 있다. 예를 들어, 후미나 입안 잔여감 등이 평가 후에 오래 남아 있거나, 자극의 종류가 매우 복잡하여 패널이 혼동하기 쉽거나, 많은 양의 시료 준비가 어려울 때 이용한다. 원리는 패널요원에게 2개의 시료를 제시하고 이들이 같은 것인지 다른 것이지 표시하도록 하는 것이다. 패널요원은 이전에 차이식별평가에 참여해본 적이 있는 유경험 패널요원들을 활용하는 것을 권장하고 있다. 일반적으로 차이식별검사 유경험자를 20~50명 정도 참여하게 하여 시료의 모든 조합을 평가하도록 하거나, 많은 수의 무경험 패널, 즉 차이식별검사를 포함한 감각평가에 참여해보지 않은 패널들을 동원하여 1조합씩만 평가하게 한다. 진행 시 패널요원에게 2개의 시료(A와 B)를 동일시료 쌍(match pairs : AA 또는 BB)과 이질시료 쌍

● **표 7-4 단순차이평가표의 예**

<table>
<tr><td>이름 :</td><td>날짜 :</td></tr>
<tr><td colspan="2">제공된 시료를 왼쪽 것부터 맛보고 2개의 시료가 같은지 또는 다른지 평가하여 아래에 ○ 표시하여 주십시오.

2개의 시료가 같다. (　　　)
2개의 시료가 다르다. (　　　)</td></tr>
<tr><td colspan="2">의견 :

수고하셨습니다.</td></tr>
</table>

(different pairs : AB 또는 BA)의 네 종류로 준비하여 1종류 또는 그 이상의 쌍을 제공하고 이들이 같은 것인지 다른 것인지 표시하게 한다.

분석은 동일시료를 제공한 경우(AA, BB)와 이질시료를 제공한 경우(AB, BA)를 분리하여, 맞는 응답과 틀린 응답으로 나누어 χ^2-검정을 한다.

단순차이평가 사용의 예

제품 혼합방법의 단순화를 위하여 다단계 혼합방법(A)과 한 단계 혼합방법(B)이 제품에서의 차이를 내는지 조사하였다. 30명의 패널요원에게 동일시료 조합(AA, BB)과 이질시료 조합(AB, BA)을 제공하여 모두 60개의 응답을 얻었다. 그 결과는 다음과 같다.

응답 내용	동일쌍(AA, BB)	이질쌍(AB, BA)	합
같다	17	9	26
다르다	13	21	34
합	30	30	60

$\chi^2=\frac{\Sigma(O-E)^2}{E}$ (여기서, O=응답 수, E=기댓값)

'같다'의 경우 $E=\frac{26\times30}{60}=13$

'다르다'의 경우 $E=\frac{34\times30}{60}=17$

$\therefore \chi^2=\frac{(17-13)^2}{13}+\frac{(9-13)^2}{13}+\frac{(13-17)^2}{17}+\frac{(21-17)^2}{17}=4.34$

(계속)

4.34는 χ^2 분포표(부록 표 C 참조) α=0.05, 자유도(df)=1인 값 3.84보다 크므로 통계적으로 유의차가 있다. 따라서 두 방법 간의 차이가 있으므로 기호도 평가 등을 통해 새로운 혼합 방법이 기호도가 높은지 낮은지 살펴본 후 대체 여부를 결정한다.

4) A-부A평가(A-not A test)

이 평가는 두 시료 간의 차이를 종합적으로 평가해야 하지만, 표준제품이 단 한 개의 제품에 의해 표현될 수 없는 경우에 이용한다. 예를 들어, 배추김치와 같이 공급되는 배추에 따라 품질이 달라지는 경우, 같은 공장에서 동일한 배합비로 생산 및 공급된 김치라고 할지라도 공급되는 배추에 따라 품질이 아주 일정하다고는 할 수 없다. 두 개의 배추김치 제조공장에서 생산된 김치에 대하여, 두 회사의 배추김치에 차이가 있는지 여부를 A-부A평가로 식별해볼 수 있다. 원리는 평가자가 어느 시료라도 충분히 대조할 수 있다고 생각될 때까지 대조군을 학습시킨 후 A 시료와 부A 시료를 제시하여 시료가 A인지 A가 아닌지(부A)를 평가하게 하

표 7-5 A-부A평가표의 예

이름 :			날짜 :		
평가에 임하기 전 A 시료를 충분히 익숙해지도록 훈련합니다. 준비된 시료를 맛보고 다음에 답하십시오.					
시료번호	A	부A	시료번호	A	부A
( )	______	______	( )	______	______
( )	______	______	( )	______	______
( )	______	______	( )	______	______
( )	______	______	( )	______	______
( )	______	______	( )	______	______
의견 :					
					수고하셨습니다.

는 것이다. A-부A평가 방법은 기본 시료의 대조군이 전반적으로 대조군 또는 규격품으로 인정될 수 있을 때 사용할 수 있다. 음료회사에서 설탕 대신 대체 감미료를 첨가하여 같은 상표의 제품을 만들었을 때 기존 제품 사용자에 대해 A-부A 평가를 하면 적절할 것이다. 보통 이 평가에서 A 시료의 수와 부A 시료의 수는 같게 한다.

분석은 단순차이평가와 같은 방법으로 한다.

● A-부A평가 사용의 예

김치회사에서 양념 재료 중 몇 가지를 다른 납품업체에서 받아 새로이 만든 김치가 기존 양념 김치와 차이가 있는지의 차이식별평가를 하고자 한다. 패널요원 10명은 기존 시료(A)가 익숙해질 때까지 훈련 후, A와 부A 시료를 각각 10개씩 평가하였다.
그 결과는 다음과 같다.

응답 \ 시료	A	부A	합
A	32	20	52
부A	18	30	48
합	50	50	100

$\chi^2=\frac{\Sigma(O-E)^2}{E}$ (여기서, O=응답 수, E=기댓값)

'A'의 경우 $E=\frac{52\times50}{100}=26$

'부A'의 경우 $E=\frac{48\times50}{100}=24$

$\therefore\ \chi^2=\frac{(32-26)^2}{26}+\frac{(20-26)^2}{26}+\frac{(18-24)^2}{24}+\frac{(30-24)^2}{24}=5.77$

이 수치는 χ^2-분포표(부록 표 C 참조)에서 확률(a)=0.05, 자유도(df)=1인 값(3.84)보다 크므로 통계적으로 유의차가 있다. 따라서 새로이 만든 김치는 기존의 김치와 다르다고 할 수 있다. 기호도 조사를 하여 새로운 방법이 기호도가 더 높은지 낮은지 조사하여 대체 여부를 결정한다.

5) 다표준시료평가

다표준시료평가(multiple standard test)는 표준이 한 개의 제품에 의해 표현될 수 없는 특별한 종류의 평가에 이용된다. 다표준시료평가의 경우, 몇 개(2~5개)의 표준평가 제품과 비교평가 제품이 패널요원에게 제공될 때 패널요원은 모든 시료를 확인한 후 가장 다른 시료를 선택하게 된다. 이 평가는 대조군이 반드시 다른 시료들과 어울리지 않아도 평가가 가능하다. 일반적으로 많은 가변성을 갖는 기존 제품과 대비되는 새 시료의 차이를 알고자 할 때 여러 개의 표준시료와 하나의 비교시료를 동시에 제공하여 평가한다. 예를 들면, 여러 성분이 들어 있는 수프의 평가에서 시료의 씹힘성은 채소, 고기 조각, 열매, 박편 등의 양에 따라 다를 수 있으므로 한 회사의 수프와 다른 회사의 수프가 다른지에 대해 결정하기는 어렵다. 이 경우 문제는 패널요원이 어느 부분을 먹어 보는가에 따라 같은 제품이 각각 다른 제품으로 평가될 수 있다는 것이다. 이 문제의 해결을 위해 A-부A평가를 실시할 수도 있지만 다표준시료평가를 할 수도 있다. 이 평가의 경우 평가를 시작하기 전에 평가자가 대조군에 대해 학습을 하지 않는 점이 A-부A평가와 다르다. 다표준시료평가의 목표 중의 하나는 제품 고유의 특성 중 하나인 제품 품질의 변동성을

표 7-6 다표준시료평가표의 예

<table>
<tr><td colspan="5">이름 :</td><td colspan="4">날짜 :</td></tr>
<tr><td colspan="9">준비된 시료의 번호를 왼쪽에서 오른쪽의 순서로 괄호 안에 적어주시기 바랍니다. 시료의 맛을 보고 가장 다른 시료 번호의 오른쪽 빈칸에 ✓ 표시하여 주십시오.</td></tr>
<tr><td>세트</td><td>시료번호</td><td></td><td>시료번호</td><td></td><td>시료번호</td><td></td><td>시료번호</td><td></td></tr>
<tr><td>1</td><td>(　　)</td><td>______</td><td>(　　)</td><td>______</td><td>(　　)</td><td>______</td><td>(　　)</td><td>______</td></tr>
<tr><td>2</td><td>(　　)</td><td>______</td><td>(　　)</td><td>______</td><td>(　　)</td><td>______</td><td>(　　)</td><td>______</td></tr>
<tr><td>3</td><td>(　　)</td><td>______</td><td>(　　)</td><td>______</td><td>(　　)</td><td>______</td><td>(　　)</td><td>______</td></tr>
<tr><td colspan="9">의견 :

수고하셨습니다.</td></tr>
</table>

패널요원의 훈련된 지식으로 알 가능성을 배제하는 것이다. 이러한 목적은 평가 중에 나타나지 않는 많은 변화를 고려한 제품들에 효과적이다.

분석은 가장 다른 평가제품을 고르게 되는 횟수에 대한 통계 처리를 한다. 3개의 표준제품과 1개의 평가제품이 포함될 때, 전체적으로는 4개 중 1개의 차이가 있는 제품을 선택하는 기회와 같으므로, 통계는 P=1/4(맞출 확률=1/4)의 가설을 사용한다.

● 다표준시료평가 사용의 예 1

평가자들(n=30)이 3개(s=3)의 표준제품과 1개의 평가제품의 다표준시료평가에 참여했다. 가장 많이 다른 것으로 평가제품을 선택한 평가자가 12명(x=12)이라면, z통계는 다음과 같이 계산된다(P_o=1/(s+1), 이 평가의 표준제품의 수 : s).

$$z=\frac{x-n(P_o)}{\sqrt{n(P_o)(1-P_o)}}=\frac{12-30\left(\frac{1}{4}\right)}{\sqrt{30\left(\frac{1}{4}\right)\left(1-\frac{1}{4}\right)}}=\frac{4.50}{2.37}=1.898$$

이 평가의 z통계는 표준정규분포를 따른다. student's t−분포표(부록 표 D 참조)에서 무한대 자유도와 5% 수준에서 값은 z=1.640이다. 계산된 값이 분포표 값보다 크므로 평가제품이 표준제품과 유의적으로 다르다고 결론지었다.

● 다표준시료평가 사용의 예 2

수프 제조회사에서 덩어리가 있는 채소 수프의 소금함량을 기존 대비 25% 수준으로 저감화하고자 한다. 이 경우 1개의 수프 안에서 개별적으로 재료를 평가하기보다는 수프 전체로 평가하는 것이 더 적합하다고 판단하였다. 패널요원들이 별도로 각 구성 요소(예를 들면 쇠고기 국물, 감자, 당근, 완두 등)를 평가하는 것도 고려하였으나, 실제 수프가 사용되는 방법과 많은 차이가 있으므로 각 재료에 대한 실험은 하지 않기로 하였다. 기존 제품과 소금을 저감화한 제품 간 차이 여부를 평가하기 위하여 32명의 패널요원을 이용하여 다표준시료평가를 진행하였다. 패널요원 32명에게 4개의 시료를 제공 시 1개의 시료는 소금을 줄인 제품, 3개의 시료는 현재 시판되고 있는 제품을 제공하였다.

그 결과 32명의 평가자들 중 14명이 소금을 줄인 제품이 가장 다른 시료라고 선택했다(옳은 선택). 계산된 z−score 값은 z=2.45로 5% 수준과 무한대 자유도에서 단측검정으로 t−분포도(부록 표 D 참조)의 값인 z=1.64와 비교되었다. 계산된 z가 분포표의 값보다 컸기 때문에 소금을 줄인

(계속)

수프 시료가 대조군과 다르다고 결론지었다. 이 평가 결과를 기초로 판단하건대 소금을 저감화한 수프가 다른 추가 실험 없이 표준 수프로 대용될 수는 없을 것이다. 그러나 제품개발팀은 비록 제품이 다르다고 해도 소금을 줄인 제품에 대한 판매의 중요성이 요구되는 시점을 감안한 제안을 하여야 한다. 따라서 감각을 유도하는 평가나 마케팅 연구 등을 통하여, 만일 소금을 줄이게 되면 그 제품이 성공할 가능성이 있는지 판단해야 하며, 이를 위한 추가 실험이 필요하다.

6) 오-중-이검사

오-중-이검사(two-out-of-five test)는 두 개의 시료(A와 B시료)에 대한 평가로, 패널요원에게 제공할 때에는 총 5개의 시료가 제시된다. 5개의 시료는 2개의 동일시료(AA)와 이와 다른 3개의 시료(BBB), 혹은 2개의 동일시료(BB)와 이와 다른 3개의 시료(AAA)로 구성될 수 있다. 시료의 조합은 표 7-7에서 보는 바와 같이 총 20가지 조합이 가능하다. 오-중-이검사의 경우 패널요원이 평가해야 하는 시료 수가 많기 때문에 평가자의 피로도가 누적되어 평가에 영향을 줄 수 있다. 따라서, 향미의 차이식별보다는 다른 자극(예로서, 시각, 청각, 촉각적 특성 등)에 대한 차이식별이 필요할 때 사용하는 것을 권하고 있다.

패널요원이 평가할 때에는 A시료 3개와 B시료 2개로 구성된 조합의 수와 A시료 2개와 B시료 3개로 구성된 조합의 수를 동일하게 제공한다. 패널요원은 제공된 다섯 가지의 시료 중 동일한 2개의 시료를 찾아 표시한다. 오-중-이검사의 경우, 우연히 정답을 맞힐 확률이 1/10로 다른 차이식별검사들에 비해 매우 낮기 때문에 모집 가능한 패널요원의 수가 적을 때에 좀 더 효과적으로 사용될 수 있다.

표 7-7 오-중-이검사 시료 조합의 예

AAABB AABBA AABAB ABAAB ABABA	ABBAA BBAAA BABAA BAABA BAAAB	BBBAA BBAAB BBABA BABBA BABAB	BAABB AABBB ABABB ABBAB ABBBA
(A시료 3개, B시료 2개의 조합)		(A시료 2개, B시료 3개의 조합)	

● **표 7-8** 오-중-이점검사의 예

<table>
<tr><td>이름 :</td><td colspan="5">날짜 :</td></tr>
<tr><td colspan="6">제시된 다섯 가지 시료 중 두 개는 같고, 나머지 세 개는 다른 시료입니다.
왼쪽부터 오른쪽 순서로 평가하신 후 동일한 두 개의 시료를 찾아 ✓ 표시하여 주십시오.</td></tr>
<tr><td>시료번호</td><td>628
______</td><td>276
______</td><td>413
______</td><td>024
______</td><td>837
______</td></tr>
<tr><td colspan="6">의견 :

수고하셨습니다.</td></tr>
</table>

결과를 분석할 때는 평가 완료된 정답의 수가 오-중-이검사의 유의성 검정표의 유의적 차이를 표명할 수 있는 최소 정답 수보다 크거나 같으면 시료 간의 유의적인 차이가 있는 것으로 결론 내린다(부록 표 E 참조).

2. 특성차이평가

특성차이평가의 경우, 연구개발자가 개발 중인 제품에서 조사하고자 하는(혹은 관심을 가지고 있는) 특성이 두 개 또는 그 이상의 시료에서 어떻게 다른지 조사하기 위하여 사용된다. 제품개발이나 품질관리 시 관심 있는 특성에 있어서 특정 요인이 변할 때 어떤 변화가 발생하는지를 알아보는 것으로, 어느 제품에 있어서 그 특성이 더 강한지 또는 얼마나 더 강한지 조사하기 위하여 사용된다. 이점비교평가(paired comparison test), 3점 강제선택차이평가(3-AFC test, 3-Alternative Forced Choice test), 순위법(ranking test), 평점법(rating test) 등이 있다.

1) 이점비교평가

이점비교평가는 시료의 다양한 속성 중 한 가지 특성의 차이를 찾는 데 사용된다. 2개의 시료가 제시되고, 동시에 어느 쪽이든 평가자는 시료 중에서 지정받은 특성이 더 높은 시료 1개를 선택한다. 예를 들면 어느 시료가 더 달고, 더 매끄럽고, 더 하얀지 등과 같은 개별적 특성의 차이를 중심으로 평가하도록 하는 것이다. 이점비교평가는 2점 강제선택차이평가(2-AFC test, 2-Alternative Forced Choice test)라고도 하며 평가 방법이 간단하여 많이 사용된다.

표 7-9 이점비교평가의 예

이름 :	날짜 :
2개의 시료를 왼쪽부터 맛보시고 단맛이 더 강한 시료에 ○ 표시하여 주십시오. **시료** 682 ( ) 312 ( )	
의견 : 수고하셨습니다.	

분석은 우연히 선택할 확률이 50%라는 것에 근거하여 작성된 통계표를 이용한다. 통계 적용 시 2개의 시료 중 강한 것이 확실히 정해져 있으면 단측검정을, 어떤 시료가 더 강한지 확실하지 않을 때는 양측검정을 사용한다. 단, 이점비교평가에서는 어느 것의 강도가 더 강한지를 알 수 있을 뿐 얼마나 더 강한지(정도의 차이)는 알 수 없다.

● 이점비교평가 사용의 예

소비자 평가에서 새로운 치즈 소스가 너무 시큼하다는 의견을 확인하였다. 품질팀은 제품의 시큼함을 줄인 시료를 만들어 기존의 치즈 소스와 신맛을 줄인 치즈 소스에 대한 이점비교평가를 진행하였고, 총 25명의 패널요원을 연구소 연구원 중에서 골랐다. 시각적 편견을 줄이기 위해 어두운 빨간색 조명 아래에서 평가했다. 시료 평가 사이에는 실온의 물로 입안을 헹구게 하였다.
그 결과 25명의 패널요원 중 18명이 신맛을 줄인 신제품을 시지 않은 제품으로 선택했다. 패널요원들의 수는 $p<0.05$에서 유의하였고(부록 표 B 참조), 신제품은 현재의 제품보다 신맛이 약하다고 결론을 내릴 수 있다. 제품이 덜 시큼해야 한다는 목적이 뚜렷하였으므로 이 평가는 단측검정을 이용하였다. 이후 신제품에서 신맛 감소에 따른 다른 특성의 변화가 있는지 확인하여 신제품에 대해 기술 목표를 달성하여야 하며, 소비자를 위한 재평가가 필요하다.

2) 3점 강제선택차이평가

3점 강제선택차이평가(3-AFC, 3-Alternative Forced Choice Test)는 삼점평가와 비슷하게 2개의 시료 중 한 가지 시료는 항상 쌍으로 준비하여 동일시료로 사용하고 나머지 한 가지 시료는 홀수 시료로 제시한다. 3-AFC 평가의 원리는 2개 시료의 평

● 3-AFC 평가 사용의 예

현재 판매되고 있는 섬유 유연제의 이익 마진을 위하여 비용 절감이 필요하다. 비용 절감을 위하여 섬유 유연제에 첨가하는 향기 성분의 양을 줄이려 한다. 이때 실제 향기가 변하지 않은 채 20%를 절감해야 한다. 연구 개발부와 마케팅부에서는 향기 성분의 양을 줄였을 때 기존 제품과의 차이점이 없기를 원한다. 향기 성분을 줄이기 전과 후에 두 제품의 차이가 없어야 한다는 목적을 충족시키기 위해서 3-AFC 평가가 선택되었으며 이 평가로 아무런 차이가 없기를 기대한다.
2개의 섬유 유연제들이 생산되었는데, 하나는 향기의 강도가 현재와 같은 것이고, 다른 하나는 향기 강도를 줄인 것이다. 향기가 적은 시료가 동일시료로 사용되었고, 40명의 패널요원에게 더 강한 시료를 고르도록 하였다.
그 결과 40명의 패널요원 중 19명이 정확하게 향이 강한 시료를 선택했다. 맞출 확률 1/3의 삼점평가표(부록 표 A 참조) 이용 시 40명 중 19명이 정답을 말한 것에는 유의적 차이가 있으므로 현 제품의 향기의 강도를 유지하기에 20% 감소는 너무 많다는 것을 발견하였다. 제품개발팀은 감소율을 낮추어 재실험하기로 하였다.

가 시 특정 성질이 강한 시료를 홀수 시료로 하고, 성질이 약한 시료를 짝수 시료 혹은 동일시료로 하여 제시한 뒤 세 가지 시료 중 더 강하다고 생각되는 시료를 선택하게 하는 것이다. 이때 패널요원에게는 홀수 시료(즉, 특정 성질이 더 강한 시료)를 선택하도록 한다. 데이터 분석은 삼점 평가와 유사하나 홀수 시료가 고정되므로 시료의 제시 순서는 ABA, AAB, BAA의 세 가지이다.

3) 순위법 평가

순위법 평가(ranking test)는 3개 이상의 시료에 대하여 연구자가 관심을 가지는 특성을 제시한 후, 주어진 특성에 대해 강도가 강한 순서대로 나열하는 방법이다. 순위법은 한 번에 많은 시료를 빠르게 평가할 수 있다는 장점이 있다. 원리는 패널요원에게 임의로 배치한 3개 또는 그 이상의 시료를 제시하고 특정한 감각적 성질의 강도에 대해 순위를 정하도록 하는 것이다. 일반적으로 특정한 성질의 강도가 가장 강한 것을 1로 하여 순위를 정한다. 패널요원은 주어진 특성에 대하여 본인만의 기준을 정하여 시료를 순서대로 맛을 보며 시료의 위치를 바꾸면서 순

표 7-10 순위법 평가표의 예

<table>
<tr><td>이름 :</td><td>날짜 :</td></tr>
<tr><td colspan="2">시료의 번호를 왼쪽에서 오른쪽 순서대로 괄호 안에 써주십시오. 시료의 맛을 본 후, 단맛이 강한 순서대로 (가장 단맛이 강한 시료 1, 약한 시료 4) 해당하는 시료의 번호의 아래에 순위를 적으시기 바랍니다.

시료 번호 : (　) (　) (　) (　)
순위 : ____ ____ ____ ____

시료 번호 : (　) (　) (　) (　)
순위 : ____ ____ ____ ____</td></tr>
<tr><td colspan="2">의견 :

수고하셨습니다.</td></tr>
</table>

위를 결정한다. 순위법 평가에 필요한 최소 패널요원은 보통 8명 이상으로 알려져 있고, 패널요원의 수가 증가할수록 식별 가능성이 증가한다. 시료는 가능하면 임의의 순서로 배치하고, 모든 시료를 동시에 제공하되, 한 번에 패널요원이 평가할 수 있는 시료의 수는 보통 4개 정도가 적당하다.

분석은 시료별 순위의 합을 구한 후 통계표에서 최소-최대 비유의적 순위합에 의한 순위법 검정(부록 표 F 참조)을 할 수 있다. 또한 2개의 시료 간의 최소유의차와 비교하여 분석하거나 χ^2-검정을 한다.

● 순위법평가 사용의 예

오렌지 주스의 단맛의 순위평가 결과는 다음 표와 같다.

패널요원 \ 시료	가	나	다	라
1	2	1	3	4
2	1	3	2	4
⋮	⋮	⋮	⋮	⋮
15	2	1	4	3
순위합	19	30	56	45

● 분석 1 **최소-최대 비유의적 순위법 검정표(부록 표 F 참조) 이용**

검정표에서 표준시료가 없는 경우는 최소-최대 비유의적 순위합 검정표의 위쪽에 있는 숫자를 확인한다. 반복수(패널요원) 15와 처리수(시료) 4가 교차하는 곳의 검정표(5%) 숫자는 28-47이고 결과의 순위합은 19-56이다.

최소순위합 19는 검정표(5%)의 28보다 작고 최대순위합 56은 검정표(5%)의 47보다 크므로 5% 유의수준에서 최소순위합과 최대순위합 간의 유의차가 있다고 할 수 있다. 따라서 가장 유의적으로 단맛이 강한 시료는 '가'이며 유의적으로 가장 단맛이 약한 시료는 '다'이다.

● 분석 2 **배스커(Basker)에 의한 순위법 검정표(부록 표 G 참조) 이용**

배스커(Basker)에 의한 순위법 검정표에서 시료가 4개이고 패널요원이 15명일 때 5% 유의수준에서 유의성을 표명하는 순위합의 차이값은 19이므로 분석 결과는 다음과 같다.

(계속)

가(19) 나(30) 라(45) 다(56)

a ———————— (가, 나)

b ———————— (나, 라)

c ———————— (라, 다)

시료	가	나	다	라
순위합	19[a]	30[ab]	56[c]	45[bc]

시료 순위합의 위첨자가 같은 것끼리는 5% 유의수준에서 유의차 없다.

● 분석 3 **χ^2-검정(부록 표 C 참조) 이용**

다음 통계식으로 총합계 등급 합 간의 차이가 있는지를 확인할 수 있다.

$$\chi^2=\left[\left(\frac{12}{bt(t+1)}\right)\Sigma Ri^2\right]-3b(t+1)]$$

b=패널요원의 수, t=시료의 수, Ri=순위합

이 식에 위 예(표)의 값을 대입해보면

$$\chi^2=\left[\left(\frac{12}{15\times4(4+1)}\right)\times(19^2+30^2+56^2+45^2)\right]-3\times15\times(4+1)=31.89$$

통계식은 $t-1$의 자유도를 갖는 χ^2-분포를 따른다. 계산된 값 χ^2=31.89는 자유도 3을 갖는 χ^2-분포표 값(5% 유의수준) 7.81보다 큰 값이므로 자유도 3과 5% 수준에서 유의적인 차이를 보인다고 할 수 있다.

4) 평점법 평가

평점법 평가(Rating test)는 각 제품의 여러 속성이 광범위하게 평가되므로 감각평가 분야에 다양하게 적용될 수 있다. 어떤 물질이 내재하고 있는 단맛, 붉은 정도, 거친 정도 등의 특성 정도 또는 강도를 평가할 수 있고, '좋다'와 '싫다'를 표현하는 기호도 평가에도 이용된다. 물질의 우수성 또는 질에 대한 응답자의 의견 평가와 감촉, 외관, 맛, 효능과 같은 제품의 일반적인 속성에 대한 반응의 평가에 이용될 수 있다. 제6장에 소개된 척도법 중 간격척도에서 평점척도 평가표의 예를 확

인할 수 있다. 평점법은 사용된 척도의 종류에 따라 데이터의 의미가 달라질 수 있으므로 결과 해석 시 9점 척도 또는 15점 척도 등 어떠한 척도를 사용하였는지 명시할 필요가 있다. 평점법은 결과 해석 시 척도의 눈금 간격이 동일하고 정상분포를 보이고 있다면 모수적 방법으로 통계 처리 가능하며 평균, t검정, 분산분석 등의 통계분석을 실시할 수 있다.

CHAPTER 8

묘사분석

CHAPTER 8

묘사분석

묘사분석(descriptive analysis)은 제품의 특성을 묘사하는 방법으로, 사람의 오감, 즉 시각, 청각, 후각, 미각, 촉각 등을 활용하여 제품의 특성을 총괄적으로 묘사하는 방법이다. 보통은 제품에서 감지된 감각적 특성을 출현 순서에 따라 묘사하는 과정을 포함한다. 묘사분석은 목표하는 품질에 도달하기 위해 여러 단계에서 개선점이 요구될 때 제품의 감각적 특성을 정확하게 묘사하여 특성을 프로파일링하기 위하여 사용된다. 또한 품질관리의 목적으로 제품의 생산, 유통, 저장 시 제품 간에 발생할 수 있는 차이의 근거를 찾는 데 사용되기도 한다. 평가의 기본요소는 먼저 시료가 지닌 특성을 감지하고 공통의 특성 용어를 활용하여 묘사하며 그 특성들의 강도를 측정하는 것이다. 특성을 측정할 때는 각 특성이 출현하는 순서를 결정하고, 각 특성의 전체적인 강도를 측정하거나 조화되는 정도를 평가한다. 가

장 많이 이용하는 척도는 항목 척도와 선척도이며 5~10명의 고도로 훈련된 패널이 필요하다. 패널 훈련은 시료의 난이도에 따라 6개월에서 1년 정도 걸리며, 여기에는 개개의 패널 후보원에 대해 60시간 이상의 배우고 연습하는 시간과 100시간 이상의 실제 프로필 수행 연습시간이 포함되어야 한다. 묘사분석의 종류에는 향미 프로필, 텍스처 프로필, 정량적 묘사분석, 스펙트럼 묘사분석, 시간-강도 묘사분석 등이 있다.

1. 향미 프로필

향미 프로필(flavor profile)은 입안에서 느껴지는 제품(또는 제품의 원 · 부재료)의 향미를 묘사분석하는 방법이다. 향미 프로필은 향과 맛에 대한 전체적인 느낌, 지각할 수 있는 향과 맛에 대한 특성과 각 특성에 대한 강도, 각 특성이 지각되는 순서 및 후미(aftertaste)에 대한 평가를 포함한다. 향미 프로필의 결과는 훈련된 패널요원들 모두의 합의로 결정하며 결과의 재현성은 패널요원의 훈련 정도와 기준물질의 이용에 따라 달라질 수 있다.

1) 향미 프로필의 패널 선정 및 훈련

패널요원은 전문가들에 의해 선발되고 훈련받는다. 패널요원은 기본적인 맛과 냄새 판단능력, 맛 강도의 판단능력, 맛 강도의 순서를 매길 수 있는 능력 등 개인이 유전적으로 타고난 능력과 개개인의 성격과 특성, 성향 등을 포함한 개인의 의지에 의해 선별된다. 전문가 패널요원은 일련의 적격심사와 면접 결과를 바탕으로 선발이 된다. 선발된 패널요원들은 약 6~12개월 동안 교육을 받아야 하며 교육과정에는 향미 프로필의 기본적인 감각평가의 원리와 이에 대한 훈련 등이 포함된다. 교육의 끝 단계에서 패널의 리더가 선발된다.

2) 평가 방법

패널 훈련을 마치면 훈련된 패널요원 4~8명으로 구성된 패널이 구성되며, 패널의 리더는 패널요원들 간 향미 프로필의 각 구성요소(향과 맛의 특성과 강도 등)에 대한 의견이 일치하도록 진행하는 데에 주도적인 역할을 한다. 의견일치에 도달하기 위해서 참조할 수 있는 자료들과 1회 이상의 오리엔테이션 시간도 종종 도움이 된다. 2번 이상의 패널 회의가 요구되며 결과에 대해서는 패널의 리더가 해석하고 보고를 진행한다.

먼저 조사할 표본이 소개되면, 맛의 특성들을 표에 작성하고 참고 표본의 결정, 표본을 심사하는 방법과 가장 좋은 발표 방법 등을 정한다. 표본과 유사한 제품들 또한 비교하기 위해 가져올 수도 있다. 이어서 정식 패널 회의가 열리며 각 패널요원들은 독립적으로 표본을 평가하고 결과를 기록한다. 향과 맛 특성들, 느낌 요소들과 이들의 강도, 감각적 인상의 순서와 후미 등에 대해 평가한다. 강도를 나타내는 척도는 0=감지되지 않음,)(=한계값(겨우 지각할 수 있는), 1=약함, 2=중간 정도, 3=강함으로 표시하며 종종 1/2 단위 또는 +와 -의 단위로 더 나눠 나타내기도 한다. 패널요원들은 향, 맛 특성의 적절성과 이들의 강도, 맛의 혼합, 확인이 안 되는 배경의 맛 및 전체적인 느낌과 그 느끼는 정도 등에 대한 전체적인 평가를 해야 한다.

패널의 리더는 개별적인 결과들을 수집한 후 공개토론을 하여 의견일치에 이르는지 여부를 확인하고, 패널요원들 간 의견의 불일치가 있을 때는 일치할 때까지 토론하도록 한다. 최종 프로필은 패널의 리더가 정하지만 대체로 여러 패널 회의에서 논의한 결과를 바탕으로 최종 결정된다. 결과는 종종 수직적 표로 된 프로필로 공개되기도 하고 그래프로도 공개될 수 있다. 패널의 리더는 표로 된 프로필과 문단 형식의 토론 내용을 누구나 이해할 수 있고 의미 있는 형식으로 보고서에 제시한다.

향미 프로필 평가표의 예

다음의 시료들을 왼쪽부터 맛보고 나열된 특성에 대해 0~3까지의 강도 척도를 사용하여 평가하십시오{0=감지되지 않음,)(=한계값, 1 : 약함, 2 : 중간 정도, 3 : 강함}.

〈냄새 및 향(aroma)〉

특성(특성발현수서로)	강도
a.	
b.	
c.	
d.	
기타	
전체 냄새 및 향(전체적인 조화 정도)	

〈향미(flavor)〉

특성(특성발현순서로)	강도
a.	
b.	
c.	
d.	
기타	
전체 향미(전체적인 조화 정도)	

〈기타(선택적)〉

후미(after taste)	강도
a.	
b.	

의견 :

수고하셨습니다.

표 8-1 완성된 마요네즈 향미 프로필의 예

분류		마요네즈 A	마요네즈 B
냄새 및 향	기름의, 식용유	1	1/2
	신, 식초	1	1/2
	달걀의, 익은	1	
	기름의, 산화된	1	1/2
	톡 쏘는(pungent)	1	
	복합 양념(양파, 마늘, 겨자)	1/2	
	마늘	1	
	찝찔한(Briny)	1	
	기타 : 후추, 감귤류		
	조화도	2	
향미	단	2	
	기름의, 식용유	1	1/2
	신	2	1/2
	식초	1	1/2
	짠	2	
	기름기, 산화된	1	
	침이 나오게 하는+입촉감(salivating)	1	1/2
	아리고 매운 양념의	1	
	달걀, 완숙된(spice bite and burn)	1	
	복합 양념(양파, 마늘, 겨자)		
	마늘	1	1/2
	후추	1	1/2
	떫은	1	1/2
	기름기+입촉감	1	1/2
	조화도	2	
후미	짠		
	신		
	기름기+입촉감		
	매운 양념		

2. 텍스처 프로필

텍스처 프로필(texture profile)은 향미 프로필에서 확인하지 못한 특성들을 확인하기 위해 개발되었다. 텍스처 프로필은 다른 묘사분석과 마찬가지로 여러 속성으로 구성되어 있으며 강도와 속성의 순서는 식품을 섭취하는 과정에서 입안에서 발현하는 순서대로 측정한다. 텍스처 프로필 과정은 의견일치보다는 더욱 정확하게 새로운 속성들과 측정 과정을 고려하는 것이 중요하므로 필요할 경우 개개인의 평가점수나 통계분석을 사용하고 음식 이외에 다른 제품들도 대상으로 하기도 한다. 텍스처 프로필의 경우 조직감의 특성을 기계적, 기하학적, 기타 특성들(주로 지방과 습기)의 세 분류로 나누어 평가하게 되며, 각각의 특성들을 숫자로 된 척도 표준을 사용해 정의하고 측정한다. 이미 상업적으로 이용할 수 있는 제품들의 표준들은 많이 확립되었고 출판되어 널리 사용되고 있으며, 만약 특정 표준시료들이 없거나 바뀌었거나 특정 품목을 위하여 더 정교한 등급의 표준시료가 필요하게 되면 척도를 변형해서 사용하여야 한다.

1) 텍스처 프로필의 패널 선정 및 훈련

텍스처 프로필을 수행하는 패널요원은 조직감에 초점을 두고 제품을 씹어 보거나 만져 보아야 하므로 치아 건강 혹은 손재주와 같은 문제들에 초점을 맞추어 선발되어야 한다. 패널의 리더는 감각적인 면에서 전문가이어야 하며 패널의 운영, 자료들의 분석, 결과의 해석과 보고를 책임져야 한다. 텍스처 프로필 훈련을 위한 첫 시간이나 오리엔테이션에서 패널요원들은 상업 제품과 실험 시료를 볼 수 있다.

2) 평가 방법

텍스처 프로필 과정은 다른 대부분의 묘사 방법 과정을 따르며 대부분 식품의 조직감은 입이나 입술로 평가되나 손가락이나 손바닥으로 평가할 수도 있다. 제품의 프로필 작성은 식품이 입안에서 어떻게 조작되는지, 어떻게 씹히고 얼마나 자주 씹히는지, 언제 삼켜지는지 등 입안에서 씹고 삼키는 전체 순서에 따라서 자세히 평가된다. 텍스처 프로필은 일반적으로 토론을 유도하는 실험실에서 주로 수행되었으나 의견의 일치 없이 독립적인 부스 안에서도 점점 더 많이 하고 있는 추

● **그림 8-1** 텍스처 프로필 평가 순서(sensory texture profiling technique)

세이다. 자료들은 표 형식으로 편집되고 필요하다면 향미 프로필과 비슷한 형식으로도 보고할 수 있다.

표 8-2 캐러멜 텍스처 프로필 평가표의 예

이름 :	날짜 :

I. 첫 번째 씹음 : 시료를 어금니 사이에 놓고 한 번 씹은 후 보기의 척도로 평가하십시오.

시료번호	______	______
경도	______	______
부착성	______	______
응집성	______	______
매끄러운 정도	______	______

II. 연속 씹음 : 시료를 어금니 사이에 놓고 연속해서 씹은 후 보기의 척도로 평가하십시오.

시료번호	______	______
씹힘성	______	______
검성	______	______
부착성 : 입천장	______	______
부착성 : 이(치아)	______	______
덩어리 응집성	______	______
조밀도	______	______
수분 흡수 : 속도	______	______
수분 흡수 : 양	______	______
결정성	______	______

III. 파쇄 양상 묘사 : 파쇄 시 발생하는 변화를 묘사하십시오.

IV. 삼킴 : 시료를 삼킨 후 보기의 척도로 평가하십시오.

시료번호	______	______
삼키기 용이도	______	______
텁텁함(chalkiness)	______	______
깔깔함(grittiness)	______	______
이에 박히는 정도	______	______

〈보기〉
0 : 없음,)(: 겨우 감지됨,)(~1 : 매우 약간, 1 : 약간, 1~2 : 약간 보통, 2 : 보통,
2~3 : 보통 많이, 3 : 많이, 강한, 대단히

● **표 8-3** 캐러멜 텍스처 프로필 도식화의 예(Munoz & szczesniak, 1992)

시료번호 ________ ________

	0	½	½~1	1	1~2	2	2~3	3
경도								
부착성								
응집성								
매끄러운 정도								
검성								
입천장 부착성								
이 부착성								
덩어리 응집성								
조밀도								
수분 흡수율								
수분 흡수량								
결정성								
삼킴 용이도								
텁텁한 정도								
깔깔한 정도								
이에 박히는 정도								

● **표 8-4** 완성된 과자 텍스처 프로필의 예

특성		시료 A	시료 B
매끄러운 정도	표면	2~3	1~2
	바닥	2	1~2
파쇄성		1	2
경도		1~2	2~3
조밀도		1~2	1~2
균일도		2~3	2~3
건조도 (1~2회 씹음)	입자 묘사	큰 덩어리와 작은 과립형의 혼합, 약간 축축하고 부드러운 편	크고 단단한 덩어리와 거친 입자들의 혼합, 마른 편
	수분 흡수율	2	1~2
	부착성	1	½~1

(계속)

특성		시료 A	시료 B
건조도 (1~2회 씹음)	응집성	1~2	X~1
	덩어리 묘사	작고 부드러운 조각들을 함유한 부드러운 풀 형태	단단한 입자들을 함유한 성긴(loose) 풀 형태
	파쇄 양상	조각들이 부드럽고 마른 부스러기 형태로 쉽게 부서지다가 분쇄되어 침을 빠른 속도로 흡수하여 걸쭉한 덩어리로 된 풀 상태가 되며 침과 더 섞이면서 계속 묽어짐	단단한 덩어리 형태로 점차로 작은 조각으로 부서지면서 침과 섞이고 잠깐 동안 약간 마른 상태로 있다가 침을 빠른 속도로 흡수하여 과립형의 입자들을 함유하는 성긴 풀 상태가 됨
	삼키기까지의 씹음 수	23	25

● **표 8-5 과자 텍스처 프로필 도식화의 예**

시료 A : 시료 B

특징		0	X	X~1	1	1~2	2	2~3	3
매끄러운 정도	표면								
	바닥								
파쇄성	파쇄성								
	경도								
	조밀도								
	균일도								
건조도 (1~2회 씹음)	수분 흡수율								
	부착성								
	응집성								

3. 정량적 묘사분석

정량적 묘사분석(quantitative descriptive analysis)은 숙련된 패널로 특정 제품의 모든 감각적 특성들이 묘사되고 이들의 양이 수치상으로 측정되는 방법이다. 이는 제품의 감각적 특성을 보다 정확하게 수학적으로 나타내려는 의도에서 개발된 방법으로 음식, 음료, 섬유 등 모든 종류의 제품에 사용될 수 있다. 시료의 수는 3~5개 정도로 다시료평가이며 훈련된 소수의 패널을 사용한다. 정량적 묘사분석에 참여하는 패널요원들은 모든 제품의 감각적 특성을 묘사하기 위하여 감각 언어(sensory lexicon)를 개발하거나, 이미 존재하는 감각 언어를 수정 및 보완하여 사용한다. 패널요원들은 제품의 특성이 발현하는 순서대로 나열하면서 각 그룹에 관한 정의와 표준화된 평가 방법을 개발한다. 마지막 훈련단계에서 패널요원은 완성된 평가지와 특성훈련을 통해 본 실험과 같은 방법으로 제품을 평가하여 통계를 이용하여 결과를 분석해 본다. 이러한 분석은 속성에 근거한 패널요원들의 업무 수행 정도를 측정하는 척도와 제품 차별화에 있어서 각 속성의 유효성, 그리고 속성에 근거한 각 제품의 차별점들을 제공해 준다. 본 실험은 세 번 이상 반복 실험한 결과들을 통계 처리하여 수치적 형태나 거미줄 그래프(spider-web graph)를 이용해 나타낼 수 있다.

1) 정량적 묘사분석의 패널 선정 및 훈련

패널요원은 평가에 참여하기 전에 선발평가를 통하여 자격이 인정된 평가요원을 뽑아 훈련한다. 실제 필요한 인원보다 2배 내지는 3배의 인원을 뽑은 뒤 18~20회의 삼점평가 또는 일-이점평가와 같은 판별 평가를 시행하여 선발한다. 설문지나 면접을 통해 관심, 출석 가능성, 인간성, 건강 등을 고려하되, 선발평가에서 75% 이상 정답률(때에 따라서 65%의 정답률)을 보이고, 제품의 특성에 대한 묘사를 정확하게 할 수 있는 언어적 표현 기술이 있는 사람들로 10~12명의 요원들을 선정한다. 요원들은 훈련 과정 중 평가에 필요한 용어를 개발하고, 리더는 시료 제공 등의 책임을 지며 용어 개발을 리드하고 패널요원들이 시료 간 특성의 차이를 인지하는지, 평가 결과가 재현성이 있는지 여부 등을 관찰하여 알려준다. 훈련 시 제공되는 시료의 종류는 질이 일정한 표준시료(standard sample), 특정 특성을 갖는 기준시료(reference sample), 강도가 다른 여러 시료 및 경쟁 시료(competitive product)이며 각자 또는 토론을 통해 용어 개발과 강도를 인지하게 한다. 최초 훈련 기간에는 목적 설명, 표준품 평가, 인지된 감각적 특성(냄새, 향미, 텍스처, 외관 등) 용어기재와 토론 등을 시행한다. 그 후의 훈련은 각 특성에 중점을 두어 외관 1일, 향미 1~2일, 텍스처 1~2일 등과 같이 실시하며 기준시료와 변화를 준 시료 사이의 속성 및 차이 등을 훈련한다. 훈련은 대개 1회 90분 정도로 약 6~10번 정도 하며 패널 리더는 패널요원의 훈련을 위한 시료를 준비하고 훈련이 원활하게 돌아가도록 책임지고 준비하지만 패널의 훈련 및 평가에 참여하지는 않는다.

2) 평가 방법

정량적 묘사분석은 패널요원 모집 및 선별, 훈련 기간, 질문지(score sheet) 개발 및 용어 개발, 본 실험과 반복실험, 통계 처리, 결과 해석과 같은 단계를 거쳐 실행한다. 질문지 작성에서 2일 정도는 예비 질문지를 사용하며 하나의 특성을 나타내는 용어를 선정하고 반복 또는 상관관계가 큰 용어는 피하도록 한다. 인지 순서대로 평가 용어를 배열하는데, 예를 들면 외형 - 냄새 - 향미 - 후미(초기인지, 중간인지) - 텍스처와 같이 평가한다.

본 실험은 다음의 절차로 진행한다.

(1) 평가 과정 및 주의사항

❶ 패널 수행 과정은 적합한 조명 시설이 되어 있고 안락하고 조용한 환경이 마련된 평가 전용공간인 감각평가실에서 이루어져야 한다.

❷ 패널요원이 12명 이하이면 적어도 4번 반복하고, 12명 이상이면 적어도 3번 반복한다.

❸ 각 요원은 특성들이 나열되고 설명된 표, 평가표, 시료, 뱉는 컵, 물 등을 받고 평가에 임하게 된다. 이때 시료는 한 번에 4~6개 정도이고 강한 특성 시료의 경우 3개가 주어진다.

❹ 감각평가가 이루어지는 시간은 매번 동일하게 하도록 권장되며 시료 평가 간의 공백 시간을 조절하고 입을 헹구도록 유도한다.

● **표 8-6 청포도 곤약젤리의 정량적 묘사분석 평가표의 예**

이름 :	날짜 :
다음 선척도 위에 제시된 시료의 특성에 해당하는 곳에 ✓ 표시하여 주십시오.	

특성	척도
외관 노란	연한 ———————— 진한
냄새 풀	약한 ———————— 강한
금속	약한 ———————— 강한
맛 단	약한 ———————— 강한
청포도 껍질	약한 ———————— 강한
신	약한 ———————— 강한

❺ 평가를 마치면 패널의 리더는 평가표를 수거하여 평가가 빠짐없이 이루어졌는지 확인한다.

(2) 결과의 수집 및 분석

❶ 모든 요원이 평가를 마친 후 패널 리더는 평가표를 수집하고, 분석을 위해 데이터를 정리한다.

❷ 각 특성들을 평균값, 표준편차, F값, 유의도 등으로 통계 처리한다.

❸ 거미줄 그래프를 사용하여 나타낸다.

❹ 각 특성에 대한 분산분석을 통해 반복된 실험 결과에서 처리군과 패널요원들의 효과를 판정할 수 있다.

❺ 분산분석 후 처리군들 간 유의성이 있으면 적합한 방법[최소유의차 검정, 덩컨(Duncan)의 다중비교 검정 등]으로 평균 간의 유의성을 검정한다.

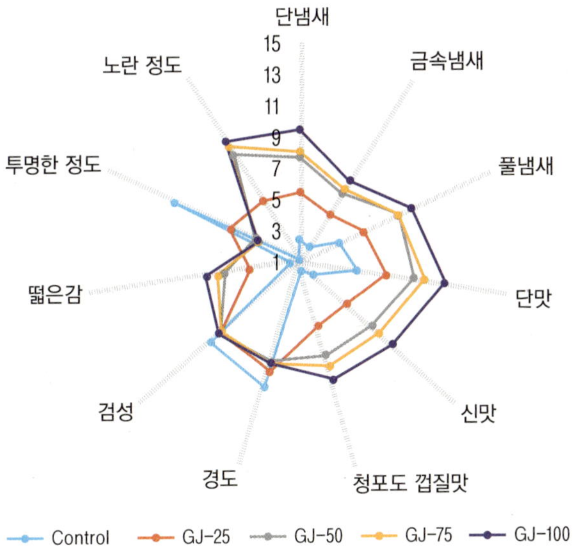

● **그림 8-2** 청포도 곤약젤리의 정량적 묘사분석의 거미줄 그래프 예

(3) 결과 보고

실험 목적, 평가표, 특성 설명표, 실험 방법 결과 및 해석, 결론, 제언 등을 포함한다.

4. 스펙트럼 묘사분석

스펙트럼 묘사분석(spectrum descriptive analysis)은 모든 감각특성의 훈련으로 개발된 기준시료의 강도를 표시된 기준척도와 비교하여 측정하는 방법이다. 스펙트럼은 냄새, 단맛, 경도 등 각각 특성에 따라 모든 시료를 포함하는 보편적인 척도(universal spectrum scale)와 특정 시료별로 좁혀진 특정품목 스펙트럼 척도(product specific spectrum scale)가 있다.

표 8-7 보편적인 척도와 특정 시료별 스펙트럼 척도

종류	보편적인 척도	특정 품목 척도
특징	• 모든 영역에서 표준시료 선정	• 한 가지 영역 내에서만 표준시료 선정
장점	• 제품 간의 속성 강도를 다양한 영역 내에서 비교 가능 • 하나의 표준시료를 가지고 다양한 제품 영역 평가 • 미래의 제품에 대한 비교 가능성 제공	• 훈련이 간단하고 쉬움(기간 짧음) • 평가치가 척도 전반에 넓게 분포 가능(제품 간의 차이가 넓게 나타남) • 특정 카테고리에 대한 경험과 분별력 향상됨
단점	• 한 영역 내의 평가는 좁은 범위 내에서 이루어질 가능성 큼	• 다른 카테고리 간 비교 불가능 • 새로운 영역은 재훈련시켜야 함 • 기존 제품으로만 표준시료를 잡으면 더 높은 강도가 나왔을 때 재훈련 필요

1) 스펙트럼 묘사분석의 패널 선정 및 훈련

지각 능력, 등급 선정 능력, 관심 사항, 이용 가능성, 업무와 제품에 대한 태도, 건강 등을 고려하여 패널을 선정한다. 최종적으로 15명의 패널요원(어떠한 특정 프로젝트인 경우는 10~12명)을 선정하기 위하여 대략 60~80명이 예비선별(prescreening)에 모집되어야 한다. 2단계의 선별 과정을 통하여 요건을 충족하는 패널요원을 얻기 위해서는 충분히 많은 수의 사람이 제공되어야 한다. 예민성 평가는 실행될 훈련의 종류(예를 들어 맛, 조직감, 촉감 등)에 따라 달려 있으며 평가는 감각특성을 잘 식별하는 패널요원을 선발하기 위해 고안된다.

표 8-8 선발평가를 위한 일반 설문지의 예

이름 :	주소 :
전화번호 : 집	휴대폰 :

[시간]
1. 일주일 중 평가가 가능한 시간을 모두 써주십시오.

[건강]
1. 아래의 증상이 있으면 ✓ 표시하여 주십시오.

의치	______	당뇨	______	구강질병	______
저혈당증	______	식품알레르기	______	고혈압	______

(계속)

2. 맛과 냄새 평가에 영향을 줄 수 있는 약을 정기적으로 혹은 비정기적으로 복용하고 있습니까?

[식습관]

1. 최근 제한된 식이를 한 적이 있나요? 있다면 설명하여 주십시오.
2. 외식은 한 달에 몇 번 하는지요?
3. 좋아하는 음식은?
4. 싫어하는 음식은?
5. 먹지 못하는 음식은?
6. 먹기 싫은 음식은?
7. 냄새와 맛을 구분하는 당신의 평가 능력은 어떠하십니까? (해당란에 ✓ 표시하여 주십시오.)

	냄새	맛
보통 이상	__________	__________
보통	__________	__________
보통 이하	__________	__________

수고하셨습니다.

표 8-9 언어 표현력 평가 질문지의 예

1. 제공된 과자를 먹고 외관에 대해 생각나는 용어를 모두 표현해 보세요.

2. 제공된 과자의 냄새를 맡은 후 맛을 보시고 표현할 수 있는 용어를 모두 써주세요.

3. 과자의 바삭한 정도를 표현할 수 있는 다른 용어들은 어떤 것이 있을까요?

4. 느낀 점

수고하셨습니다.

● **표 8-10** 척도사용평가(scaling exercise)의 예

다음 그림의 어두운 부분의 비율을 오른쪽의 선척도에 표시하십시오.

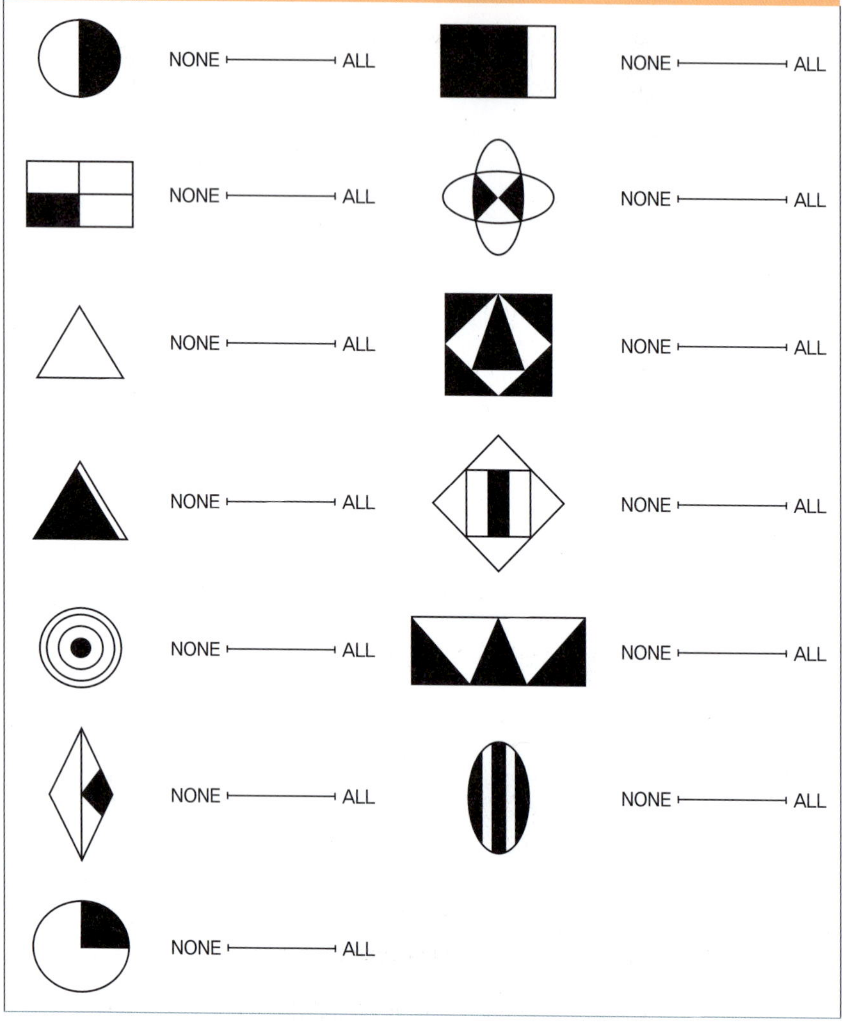

- 왼쪽 위에서 아래로 정답 : $\frac{1}{2}$, $\frac{1}{4}$, none, $\frac{7}{8}$, $\frac{1}{8}$, $\frac{1}{6}$, $\frac{1}{4}$
- 오른쪽 위에서 아래로 정답 : $\frac{7}{8}$, $\frac{1}{4}$, $\frac{3}{4}$, $\frac{1}{8}$, $\frac{2}{3}$, $\frac{1}{2}$

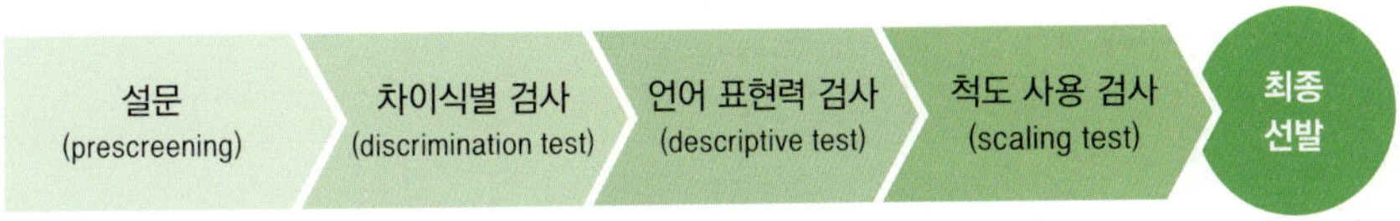

● **그림 8-3** 패널의 선정 과정

훈련 단계에서 오리엔테이션 기간에는 관심거리가 되는 감각 양상의 생리학적 원리들과 각 양상을 평가하는 데 사용되는 절차들을 다룬다. 실제 단계에서는 패널요원들이 오리엔테이션 기간 동안 배운 원리들을 실행하고 적용할 수 있도록 하는 실증단계가 수행된다. 총 10~12개의 연습과제가 3개월 혹은 더 긴 기간의 패널 업무 동안 수행되는데, 이는 관심 대상의 양상들을 이해하는 데 필요한 것이다. 또한 각 연습과제에서는 세 가지의 주요 사안인 제품군을 대표하는 샘플들의 재검토와 예비적인 용어 개발, 제품 참조 사항의 재검토와 용어에 대한 평가 절차의 확립, 제품평가와 결과 토의가 완료된다. 이 세 가지의 사안이 완료된 후 훈련자와 패널의 리더로부터 업무 수행이 평가된 이후에야 공식 평가를 위해 준비가 시작된다.

2) 평가 방법

하나 혹은 여러 개의 오리엔테이션 기간은 제품평가 기간에 앞서 이루어진다. 속성들과 평가 절차를 확립할 때 실험 제품, 실제 실험 제품, 상업 제품들의 특성을 충분히 나타낼 수 있어야 하며 광범위한 양의 질적 · 양적 참조 사항들이 세션들에 제시된다. 스펙트럼 묘사분석은 주요 제품 감각군 설명, 각 주요 감각 범주 내의 특정 질적 참조 사항을 따른 자세한 분리와 감각적 속성의 묘사, 절대적인 특정 참조 사항에 바탕을 둔 감각 속성의 인지된 강도 등을 제공한다. 각 패널요원은 각각 평가 절차에 따라 테스트 제품을 평가하며, 사용되는 통계분석은 프로젝트 목표와 실험디자인에 따라 달라질 수 있다. 패널요원들은 각 특성을 한 번에 1시료씩 평가하여 척도에 표시하며 여기에 사용되는 척도는 선척도, 항목 척도 및

● **표 8-11 평점척도의 예**

용어	기준시료(제품명, 회사명)	척도점수
떫음	포도주스(grape juice, Welch's)	6.5
구운 밀	설탕 쿠키(sugar cookies, Nabisco)	4
	쿠키(brown edge cookies, Nabisco)	5
캐러멜화된 당	쿠키(brown edge cookies, Nabisco)	3
	설탕 쿠키(sugar cookies, Nabisco)	4
	차(social tea biscuit, Nabisco)	4
달걀	마요네즈(mayonnaise, Hellmann's)	5
	삶은 달걀(hard-boiled egg)	13.5
레몬	쿠키(brown edge cookies, Nabisco)	3
	레몬에이드(lemonade, Country Time)	5
박하	껌(doublemint, Wrigley)	11
기름	감자칩(potato chips, Pringles)	1
	감자칩(potato chips, Frito Lay)	2
	가열한 기름(heated oil, Crisco)	4
볶은 냄새	커피(coffee, Maxwell House)	7
	에스프레소 커피(espresso coffee, Medaglia D'Oro)	14
소다	크래커(saltines, Nabisco)	2

출처 : Meilgaard et al. 2015.

크기추정척도 등이다. 패널의 리더는 평가된 자료를 수집하여 분산분석 및 다변량 데이터 분석으로 통계적 평가를 하여 결과를 표나 그림으로 나타낸다. 일련의 평가와 프로젝트가 끝나는 시점에는 패널의 리더와 패널요원들은 문제점들과 연구 과정에서 참조 사항들을 토론하도록 하며 이러한 종류의 토론은 패널 평가, 업무 수행을 증진하고 문제를 해결하는 데 가치가 있다.

5. 시간-강도 묘사분석

식품은 입과 코 안을 통과하면서 물리·화학적 온도변화와 희석효과에 노출됨에 따라 시간이 갈수록 그 강도가 변화한다. 그러나 앞에 언급되었던 대부분의 감각 평가는 자극을 대표하는 단 하나의 강도만을 측정하므로, 이 자극의 평균치 측정은 제품의 중요한 특성의 시작과 지속기간에 관련된 정보를 손실하는 결과를 가져올 수도 있다. 시간-강도 묘사분석(spectrum descriptive analysis)은 시간이 지남에 따라 감각적 인지에 대한 시간상의 변화들을 측정하기 위하여 자극에 대한 전체 노출 기간 중 두 차례 이상의 시간상 지점에서 자극강도를 측정하는 방법이다.

1) 시간-강도 묘사분석의 패널 선정 및 훈련

패널요원은 감각적 특성에 대한 식별능력 및 예민도, 평가에 대한 관심과 참가의지, 묘사분석에 대한 언어적 표현 기술 등을 고려하여 10~15명 정도 선정한다. 시간-강도 묘사분석에서는 평가와 평가지의 동시 사용법, 침을 삼키기 전까지의 노출 시간, 총 반응시간, 샘플 취급 지침, 측정과 눈금의 선택, 분리된 혹은 연속적인 결과 수집, 결과 수집을 위한 시간상 지점들의 수, 참고 시점의 사용과 같은 것들을 훈련하도록 한다. 시간에 따른 특성 강도 변화를 정확하게 측정하기 위해서는 고도의 훈련이 필요하다. 시간-강도 묘사분석으로 자료를 수집하기 위해 모눈종이를 이용하여 Y축에는 특성의 강도를, X축에는 시간의 변화를 측정하는 훈련을 하기도 한다.

2) 평가 방법

시간-강도 묘사분석은 일반적으로 일정 시간 동안 자극에 노출한 후, 노출시간 내 감지되는 단일 속성을 측정하는 데에만 한정적으로 사용한다. 패널요원들은 한 번에 1시료의 특성을 시간에 따라 검사하고 척도상에 기록한다. 최근에는 컴퓨

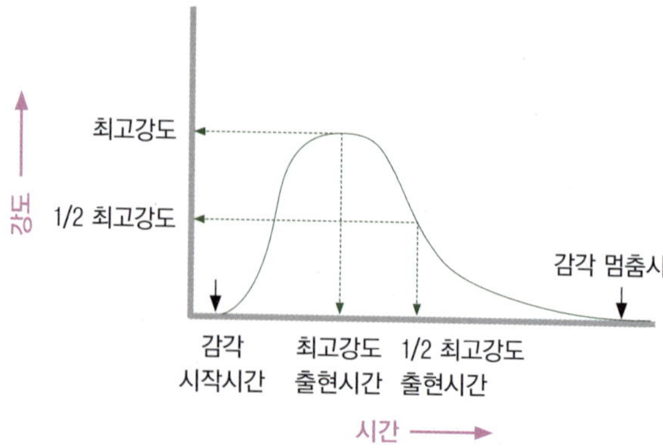

● **그림 8-4** 시간-강도 묘사분석 곡선

터 시스템의 출현과 함께 조이스틱, 전위차계(potentiometer), 마우스 등과 같은 여러 종류의 입력장치를 이용하여 결과를 수집하고 분석하기도 한다. 시간 간격을 드문드문 또는 길게 한다면 다수의 특성에 관해서도 측정할 수 있겠지만 이 역시도 특정한 자료 수집기구들이 있을 때 가능하다. 결과 분석은 일반적으로 최대 강도, 최대 강도까지의 시간, 존속 기간, 곡선 도표 아래의 면적 등과 같은 선택된 모수(parameter)들을 추출하고, 여기에 기술적 자료들의 분석에 사용되는 표준 통계 분석을 적용하게 된다. 시간-강도 묘사분석은 여러 가지의 식품군과 비식품군 제품들에서 측정될 수 있으며 음료의 단맛의 시작 시점과 단맛이 끝날 때까지의 시간, 껌의 탄력성 변화, 시간 변화에 따른 피부 크림의 효과, 샴푸 및 비누 거품의 수명 등과 같은 것이 그 예이다.

CHAPTER 9

소비자 평가

CHAPTER 9

소비자 평가

소비자 평가(consumer test)는 주로 제품이나 다른 대상물에 대한 선호도, 기호도 및 태도를 조사하기 위해 활용된다. 이러한 평가는 연구 시 제품 개발자나 연구자에게 중요한 지침과 방향을 제공하며 제품의 판매, 마케팅, 포지셔닝과 관련된 최종 결정에 도움을 준다. 소비자들은 대개 해당 제품에 대한 전문적 지식이나 훈련을 받지 않은 패널요원으로, 대표적인 소비자라는 개념은 존재하지 않는다. 먼저 어떤 타깃 집단을 위한 제품을 평가할 것인지 결정한 후, 패널 선발을 위한 질문지를 작성한다. 이때 평가하려는 제품에 대해 전문적인 지식을 가지고 있거나 연구에 관련된 사람, 그 제품의 개발자나 시장판매자, 나이가 너무 적거나 많은 사람은 소비자 평가에서 제외될 수 있다. 소비자 평가에는 단체 또는 개인을 모집할 수 있는데, 단체 모집은 시간과 비용을 절약할 수 있다는 장점이 있는 반면, 개인

모집은 초기 명단 작성에 어려움이 있으며 많은 시간과 비용이 필요하다.

소비자 평가는 주로 무작위로 선택된 다수의 소비자(최소 30명, 일반적으로 100명)를 대상으로 반복실험 없이 실시되며, 그 결과를 통계적으로 분석하는 정량적 소비자 평가와, 포커스 그룹 인터뷰(focus group interview)와 같이 소수의 소비자가 실험실에서 제품 특성을 평가하는 정성적 소비자 평가로 구분된다. 최근에는 제품의 감각적 특성, 기호적 측면 및 감정적 반응을 알아보기 위해 카타 평가(CATA, Check-All-That-Apply)를 활용하기도 한다.

표 9-1 소비자 모집을 위한 대상과 방법 계획

구분	내용
제품	저열량 케이크
타깃 소비자	지난 1년 동안 체중조절을 시도한 경험이 있는 소비자 중에서, 현재 저열량 식품을 사용하고 있으며, 지난 6개월 동안 케이크를 먹은 경험이 있고, 고급 저열량 케이크가 있다면 구입할 용의가 있는 소비자
모집 방법	전화를 이용한 개별모집 혹은 학생회관 같은 공공장소에서 모집
소비자 평가 방법	포커스 그룹 인터뷰
소비자 평가 목적	개발 중인 저열량 케이크를 시판 중인 저열량 케이크와 비교하여 소비자 의견을 수집하는 것

표 9-2 소비자 모집 질문지의 예

이름 :	성별 : 남 ( ) 여 ( ) 나이 : 만 ______세
전화번호 :	
안녕하세요? 저는 K 대학교 식품영양학과 대학원생입니다. 연구과제로 저열량 케이크에 대한 소비자 조사를 진행 중입니다. 이 연구에 참석해 주시면 참가료 ( )를 드릴 예정입니다. 예상 소요 시간은 약 90분 정도이며, 소비자 조사는 ( )일에 있을 예정입니다. **이 연구에 참석해 주실 의향이 있으십니까?** 예 ( ) → 계속 다음 질문 아니오 ( ) → 감사합니다. (통화 종료) **먼저, 참여 대상자가 맞는지 확인하기 위해 몇 가지 질문이 있습니다.**	

(계속)

	예	아니오
1. 지난 1년간 체중조절을 시도해 보신 경험이 있습니까?	(　　)	(　　)
현재 저열량 식품을 사용하고 계시는지요?	(　　)	(　　)
지난 6개월간 케이크를 드신 경험이 있으신지요?	(　　)	(　　)
고급의 저열량 케이크가 있다면 드셔 보실 의향이 있으신가요?	(　　)	(　　)

(만약 위의 질문 중 어느 하나라도 '아니오'이면 통화 종료)

2. 귀하의 연세는 어느 범위에 있으신가요?
18~35세 (　　　), 36~65세 (　　　), 65세 이상 (　　　) (※ 65세 이상이면 통화 종료)

3. (　　　)월 (　　　)일에 예정된 90분의 회의를 위해 오후 6시와 8시 중 어느 시간대가 귀하에게 가장 편하신가요?

바쁘신 가운데 시간을 내주셔서 감사합니다.

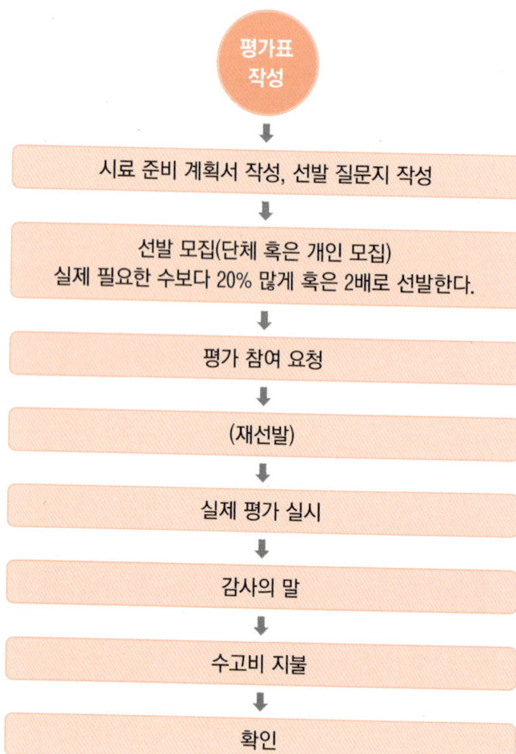

그림 9-1 소비자 평가 과정

1. 정량적 소비자 평가

정량적 소비자 평가는 표준제품과 이에 상응하는 예비실험의 전형제품(prototype)이 차이식별평가 결과에서 차이가 있는 경우, 어떤 제품을 소비자가 더 선호하는지 조사하는 데 활용된다. 또한 제품의 확장 단계에서 개발된 관련 제품, 시제품 또는 경쟁 제품의 기호도를 비교하는 데에도 사용될 수 있다. 이러한 평가는 일반적으로 많은 수(50~400명)의 소비자를 대상으로 수행되며, 제품의 다양한 특성(외관, 향, 맛, 조직감)을 평가하여 소비자의 전반적인 기호도 혹은 선호도를 파악하는 데 활용된다. 정량적 소비자 평가는 평가 목적과 진행 장소에 따라 다시 분류할 수 있다.

1) 평가 목적에 따른 분류

소비자 평가는 평가 목적에 따라 선호도 평가와 기호도 평가로 나뉜다. 선호도 평가(preference test)는 "어떤 시료를 더 좋아하십니까?"라고 묻는 방식으로, 소비자가 두 개 이상의 시료 중에서 선호하는 것을 강제로 선택하게 하는 방법이다. 반면, 기호도 평가(acceptance test)는 "이 시료를 얼마나 좋아하십니까?"라고 묻는 방식으로, 선택보다는 소비자가 시료를 얼마나 좋아하는지 그 정도를 평가하는 방법이다. 즉, 선호도는 선택에 관한 것이며, 기호도는 좋아하는 정도를 나타낸다.

(1) 선호도 평가

선호도 평가는 두 제품 혹은 여러 제품 중 더 좋아하는 시료를 강제로 선택하게 하는 방법으로, 이는 소비자들이 여러 제품 중 하나를 선택하는 구매 결정 행동을 모방한다. 그러나 더 선호되는 제품일지라도 소비자가 실제로 제품을 좋아하는지 싫어하는지는 알 수 없으므로 평가자들은 제품의 기호도 수준에 대해 미리 잘 알고 있어야 한다. 주로 시료의 수가 3~5개인 경우 선호도 순위를 결정하는 데 사용된다.

표 9-3 선호도 평가의 종류

<table>
<tr><th colspan="2">평가의 종류</th><th>시료의 수</th><th>선호도</th></tr>
<tr><td colspan="2">선호도</td><td>2개</td><td>2개의 시료 중 좋아하는 1개의 시료 선택</td></tr>
<tr><td colspan="2">선호도 순위</td><td>3개 이상</td><td>상대적인 선호도 순서</td></tr>
<tr><td rowspan="3">다시료 선호도</td><td rowspan="2">모든 가능한 쌍</td><td>3개 이상</td><td>2개의 시료씩 짝을 지어 그중 1개의 시료 선택</td></tr>
<tr><td>3개 이상</td><td>A, B, C, D의 4가지 시료일 때 :
A–B, A–C, A–D, B–C, B–D, C–D</td></tr>
<tr><td>선택된 쌍</td><td>3개 이상</td><td>표준시료(A)와 다른 시료(B, C, D)들을 비교할 때 :
A–B, A–C, A–D</td></tr>
</table>

표 9-4 선호도 평가표의 예

이름 :	날짜 :

다음 두 시료 중 더 선호하는 시료를 하나만 골라 주십시오.

392 ______　　　　264 ______

이 제품을 선택하신 이유를 설명해 주십시오.

____

____

수고하셨습니다.

표 9-5 선호도 순위평가표의 예

이름 :	날짜 :

먼저 왼쪽의 시료를 맛보신 후 다음 시료를 맛보십시오.
가장 좋아하는 것에 1순위를, 가장 좋아하지 않는 것에 4순위를 주어 제시된 시료의 순위를 정하세요.

214	724	281	326
______	______	______	______

의견 :

수고하셨습니다.

(2) 기호도 평가

기호도 평가는 소비자가 제품을 얼마나 좋아하는지를 측정하는 방법으로, 주로 9점 항목 척도를 사용하며, 선척도, 비율척도, 얼굴척도 등의 다양한 척도가 이용되기도 한다. 이처럼 척도를 사용하여 평가하기 때문에 1개의 제품에 대한 평가도 수행할 수 있으며, 절대적 의미에서 소비자가 해당 제품을 좋아하는지 혹은 싫어하는지 파악할 수 있다. 또한, 한 제품이 다른 제품보다 더 높은 점수를 받을 경우, 이를 통해 두 제품 간의 선호도를 추론할 수 있다. 기호도 평가 시, 시료의 수

표 9-6 전반적인 기호도와 특정 특성의 관계를 고려한 평가표의 예

이름 :	날짜 :

1. 전반적 평가 : 귀하의 의견을 가장 잘 표현한 칸에 표시해 주시기 바랍니다.

☐	☐	☐	☐	☐	☐	☐	☐	☐
대단히 싫어함	많이 싫어함	적당히 싫어함	약간 싫어함	좋지도 싫지도 않음	약간 좋아함	적당히 좋아함	많이 좋아함	대단히 좋아함

2. 아래의 각 특성에 귀하의 의견을 가장 잘 표현한 칸에 표시해 주시기 바랍니다.

〈향미〉

맛	☐ 엷은	☐	☐	☐	☐	☐	☐ 짙은
짠맛	☐ 아주 약한	☐	☐	☐	☐	☐	☐ 아주 강한
신선한 맛	☐ 오래된	☐	☐	☐	☐	☐	☐ 신선한
뒷맛	☐ 불쾌한	☐	☐	☐	☐	☐	☐ 유쾌한

〈조직감〉

아삭아삭한 조직감	☐ 눅진눅진한	☐	☐	☐	☐	☐	☐ 아삭아삭한

의견 :

수고하셨습니다.

가 2개인 경우에는 t검정을 사용하여 분석하며, 3개 이상의 시료가 있는 경우 분산분석을 실시한 후 시료 간 차이가 유의한 경우 추가적으로 다중비교(multiple comparison)를 수행하여 평가한다.

기호도 평가를 위한 설문지를 작성할 때에는 평가 방법을 명확하게 기술하고, 중요한 항목을 먼저 질문하도록 한다. 또한 전반적인 기호도와 감각특성의 상관관계를 고려할 수 있도록 이해하기 쉽고 조절 가능한 특성으로 고려하여 평가표를 작성한다.

또한 항목 척도를 사용할 경우 각 항목 사이의 간격을 균일하게 설정해야 한다. 최소 7항목을 사용하는 것이 좋으며 일반적으로 9항목을 사용한다. 선척도의 경우, 척도의 양 끝에 있는 앵커에 강도를 기술하도록 한다. 전반적인 기호도와 특성을 평가한 후에는 전반적인 기호도에 영향을 미치는 요인에 대한 추가적인 의견을 개방형 질문 형식(open-ended question)으로 조사할 수 있다.

기호도 평가에 식품 행동 척도법(FACT, Food Action Rating Scale)을 사용하기도 하는데, 이 척도법은 척도 사이의 간격이 균일하지 않아 정보 수집의 제한이 있을 수 있다.

표 9-7 식품 행동 척도법(FACT)의 예

이름 :	날짜 :		
	565	247	353
기회가 있을 때마다 먹는다.	______	______	______
아주 자주 먹는다.	______	______	______
빈번히 먹는다.	______	______	______
좋아하며 때때로 먹는다.	______	______	______
좋아하지 않지만, 가끔 먹는다.	______	______	______
거의 안 먹는다.	______	______	______
다른 먹을 것이 없다면 먹겠다.	______	______	______
강제로 먹인다면 할 수 없이 먹겠다.	______	______	______
이외의 의견을 적어 주십시오. 수고하셨습니다.			

2) 평가 장소에 따른 분류

소비자 평가는 평가 장소에 따라 실험실 평가(laboratory test), 중심지역 평가(central location test), 가정사용 평가(home use test)로 구분된다. 평가 장소에 따라 제품의 사용 시간, 제품을 준비하는 방식, 다른 음식이나 외부인의 영향, 질문지의 길이와 복잡성 등이 달라질 수 있으며, 이러한 변화는 평가 결과에도 영향을 미칠 수 있다.

(1) 실험실 평가

패널요원은 주로 회사 내에서 고용된 직원 25~30명이 참여하며, 주로 선호도 혹은 기호도를 평가한다. 1회에 2~5개의 시료가 포함되며, 시료의 수는 5개를 초과하지 않도록 한다. 시료의 수가 5개 이상인 경우에는 중간에 쉬는 시간을 주거나 균형 불완전 블록 실험 계획법을 활용한다. 균형 불완전 블록 실험 계획법은 제11장 감각평가의 실험설계 및 통계분석에 설명되어 있다.

표 9-8 실험실 평가 방법의 장단점

구분	내용
장점	• 시료를 준비하고 제시하는 과정을 통제할 수 있으므로 모든 패널요원에게 동일한 조건으로 시료를 제공할 수 있다. • 회사 내에서 짧은 시간 안에 필요한 패널요원을 모집할 수 있어 효율적이며 경제적이다. • 환경과 조건을 통제할 수 있어, 신제품의 개발 초기 단계에 통제하기 어려운 시각적 효과를 제어할 수 있다. 예를 들어, 부스에 붉은 등을 사용한다든지 할 수 있다. • 결과 수집과 그 결과에 대한 수정이 빠르다.
단점	• 실험실 평가의 장소가 주로 제품이 개발되거나 생산된 곳과 관련이 있어 신제품의 개발 출처가 노출될 수 있다. • 회사 내의 동료를 소비자로 선정한 경우, 회사의 신제품에 대해 높은 기호도 수준으로 평가하는 경향이 있다. 또한 동료들은 제품을 구매하려는 대상, 즉 타깃 집단(target population)이 아니므로 제한된 정보만을 얻을 수 있다. • 실험실에서 시료를 준비하고 제시하는 방법은 보통 가정이나 일상생활에서 찾아보기 어려운 방법이다. • 실험실 평가에서 제품의 견고성은 가정에서의 제품 견고성과 다를 수 있으며, 제품의 저장이나 유통 시 견고성을 평가하기 어려울 수 있다.

(2) 중심지역 평가

중심지역 평가는 소비자 평가 중에서 가장 널리 알려진 방법 중 하나로, 마케팅 연구에서 빈번히 활용되고 있다. 이 평가 방법은 패널요원을 모집하는 방식과 평가를 어떤 장소에서 진행할 것인지에 따라 다양한 특징을 가지고 있다. 패널요원의 모집 방법에는 평가 전에 미리 패널을 구성하는 방법과 지나가는 사람에게 평가를 부탁하는 방법이 있다. 평가는 상가, 시장, 사무실 등에서 이루어진다. 평가를 주관하는 사람은 상가나 인구 밀집지역의 장소를 임대하여 평가대를 설치하고 평가를 진행한다. 우리나라에서는 조용하고 편안한 분위기에서 평가할 수 있는 제과점이나 유동인구가 많은 슈퍼마켓 등이 중심지역 평가 장소로 많이 사용된다.

시료는 세 자리 무작위 숫자가 부착된 흰색 용기에 준비되며, 소비자에게 동일한 조건에서 균형 잡힌 순서로 제공된다. 시료의 준비에는 상당한 시간이 소요되며 오랫동안 저장할 수 없는 경우 평가 비용이 증가할 수 있다. 평가는 한 장소에서 50~300명의 소비자가 참여하며 중심지역 평가는 주의가 산만한 환경에서 이루어지므로 질문지는 간단하고 명확한 것이 좋다.

중심지역 평가에는 이동수레(mobile serving cart)와 이동실험실(mobile serving cart)의 두 가지 방법을 사용할 수 있다. 이동수레 방법은 패널요원이 주로 회사 내 직원으로, 손수레에 평가용 제품과 필요한 제품을 싣고 직원의 사무실로 방문하여 평가한다. 반면, 이동실험실 방법은 대형 차량에 실험실과 유사한 환경을 조성하고

표 9-9 중심지역 평가의 장단점

구분	내용
장점	• 모든 소비자가 동일하게 통제된 조건에서 제품을 평가할 수 있다. • 제품을 생산한 회사의 직원이 아닌 실제 사용자들의 결과를 얻을 수 있다. • 사람들이 밀집된 장소에서 진행되므로 많은 소비자로부터 다양한 의견을 수집할 수 있다. • 평가 도중 질문지의 잘못된 해석 등으로 문제가 발생할 경우 즉시 해결할 수 있다. • 경우에 따라서는 여러 제품을 제시하여 많은 정보를 얻어낼 수도 있다.
단점	• 제품의 일반적인 사용 방식이 아닌 인위적인 사용 방식이다. • 대개 혼잡한 장소에서 진행되므로 질문의 수에 제한이 있을 수 있다.

소비자를 만나기 위해 장소를 이동하는 방법이다. 이동실험실 방법은 환경을 더욱 정밀하게 조절할 수 있으며 회사 직원 이외의 소비자를 활용할 수 있는 장점이 있다.

(3) 가정사용 평가

타깃 집단인 소비자를 사전 계획에 따라 3~4개의 도시에서 각각 75~300가구씩 선택하며, 각 가정에 1~2개의 시료를 보내 실제 사용하고 평가하도록 한다. 일반적으로 약 100명 정도의 참가자가 적당하며, 100명 미만으로 선택하면 전체 평가 결과에 영향을 미칠 수 있으므로 피하는 것이 좋다. 시료는 일반적인 판매 조건과 유사하게 제공되며, 차이점은 무작위 숫자나 색상 코드로 식별된 흰색 용기에 상표 없이 제공된다는 것이다. 가장 권장되는 방법은 면접자가 가정에 직접 시료와 평가표를 전달하고 일정 기간(일반적으로 5~7일) 동안 사용하게 한 후, 두 번째 방문 시 첫 번째 시료와 평가표를 회수하고 두 번째 시료와 평가표를 제공하는 방식이다. 두 개의 시료를 평가할 경우, 한꺼번에 2개의 시료를 제공하여 비용을 줄일

표 9-10 가정사용 평가의 장단점

구분	내용
장점	• 제품이 실제로 사용되는 조건에서 평가하며, 제품의 첫인상보다는 사용 후 일정 기간의 기호도를 조사하므로 믿을 만한 결과를 얻을 수 있으며 잠재적 판매 가능성에 대한 정보를 제공한다. • 가족의 의견 및 시장 판매와 관련된 정보 등 실험실 평가나 중심지역 평가에서 얻을 수 없는 정보를 얻을 수 있다. 또한 포장방식, 사용지침, 제품 내용물 및 기타 관련 정보에 대한 소비자의 의견을 수집할 수 있다. • 시간을 두고 제품을 평가하므로 제품의 가격, 포장, 소비자 태도, 감각적 특성을 비롯한 여러 측면에 대한 정보를 추가로 얻을 수 있다. • 면접자가 집을 방문하여 소비자와 가정 상황을 조사하고 제품이 올바르게 사용되었는지 확인할 수 있으며, 제품 준비 및 평가 절차에 대한 의문 사항을 현장에서 해결할 수 있다. • 소비자 모집에 통계적인 방법을 사용할 수 있으며 제품의 저장 및 유통 시 견고성을 평가할 수 있다.
단점	• 다른 평가 방법에 비해 상대적으로 시간이 오래 걸린다(1~4주). • 중심지역 평가보다 소비자의 수가 적게 사용되는 경향이 있다. • 우편을 통해 시료를 배송하는 경우 응답률이 비교적 낮은 편이다. • 각기 다른 환경에서 시료가 평가되므로 숨겨진 문제가 발생할 수 있다.

수 있지만 평가 내용을 다른 평가표에 기재하게 되면 실험이 실패할 수도 있다. 회사의 직원을 활용하는 경우, 그들이 시료와 지시사항을 받아가고 평가가 완료되면 회수하도록 할 수 있으며 지역 주민들을 활용하는 경우 교통이 편리한 장소에서 시료와 지시사항을 수령하도록 할 수 있다.

2. 정성적 소비자 평가

정성적 소비자 평가는 인터뷰나 소그룹 모임을 통해 소비자가 제품에 대해 이야기하게 함으로써 제품에 대한 자세한 정보를 얻어내는 평가 방법이다. 이 방법은 소비자가 구매 결정을 하기 위한 행동적 요소나 주관적 요소, 새로운 제품에 대한 소비자 반응, 소비자가 원하는 제품의 특성, 양적 평가를 하기 전 용어의 의미를 조사하거나 효과적인 광고, 판매전략, 포장 디자인을 찾아내고자 할 때 활용된다.

1) 포커스 그룹 인터뷰

포커스 그룹 인터뷰(focus group interview) 방법에서 소비자의 선발 기준은 상품을 사용하는 사람, 건강에 관심이 있는 사람, 용어의 사용이 폭넓고 자유로운 사람, 창의성이 있는 사람, 기타 인적사항 등이다. 구성원은 소비자(참석자) 8~12명, 진행자, 고객(참관자)으로 이루어진다. 회의는 1회당 약 90~120분이 소요되며, 최소 2개의 포커스 그룹이 필요하다. 포커스 그룹 인터뷰 진행 중에는 실험의 목적을 분명히 하고 가능한 한 적은 수의 시료를 사용하며 편안한 환경을 조성한다. 또한 진행자는 소비자들의 의견을 존중하고 흥미와 관심을 유도하며 진행에 관한 준비 과정에서 지침서를 마련해야 한다. 회의는 서론, 토의 시 지켜야 할 사항, 각 소비자의 자기소개, 일반적 질문, 전문적 질문, 가종결, 종결 및 요약, 감사의 말 순서로 진행된다. 한쪽 면에 거울이 설치된 방에서 경험이 풍부한 전문적인 진행자가 진행하며, 토의 내용은 녹음 및 녹화한다. 관심 있는 연구자나 고객들은 거울 뒤의 공간에서 토의에 방해가 되지 않게 토의 과정을 참관할 수 있다. 이 방법은 시간과 비용 측면에서 경제적이며 창조적인 방향을 제시할 수 있다는 장점이 있으나, 양적 결과를 내지 못하고, 결과가 진행자의 능력에 따라 달라질 수 있으며, 소비자(참석자)로 인한 오차가 발생할 수 있다는 점이 한계로 지적된다.

2) 포커스 패널

포커스 패널(focus panel)은 포커스 그룹 인터뷰와 유사하게 8~12명으로 구성되지만 회의를 2회 이상 진행한다. 이 방법은 신제품이 개발 중이거나 제품 변경 사항을 조사할 때 활용될 수 있으며, 각 회의마다 다른 제품을 사용할 수도 있다.

3) 소비자 프롭 패널

소비자 프롭 패널(consumer probe panel)은 일반적으로 6~8명의 소비자로 구성되며 반나절 또는 하루가 소요된다. 이 방법은 자동차 안전띠, 냉장고와 같이 깊게 연구해야 하는 제품 또는 주제에 대한 조사에 사용된다.

4) 일대일 면접

일대일 면접(one to one interview)은 1회당 30~60분이 소요되며 의견을 조정할 수 있는 질적 평가 방법 중 하나이다. 이 방법은 독립적이며 순수한 개인의 반응을 조사할 때, 소극적인 사람이나 민감한 그룹의 의견을 수집할 때 사용할 수 있지만 많은 시간, 비용 및 노력이 필요하다.

3. 기타 소비자 평가 방법

1) 카타 평가

카타(CATA, Check-All-That-Apply) 평가는 최근 소비자로부터 신속한 제품 프로파일을 얻기 위해 사용되고 있는 질문 형식이다. 소비자에게 속성 목록을 제시하고 평가 대상 시료에 대한 경험을 적절하게 설명하는 단어나 구에 체크 표시하도록 요청한다. 이 용어에는 감각 속성뿐만 아니라 쾌락적 반응, 감정적 반응, 구매의도, 잠재적 응용, 제품 포지셔닝 또는 소비자가 시료와 연관시킬 수 있는 다른 용어를 포함할 수 있다. 표 9-11은 가능한 카타 질문에 대한 예시를 보여 준다. "다음 목록에서 방금 맛본 딸기를 설명하는 속성을 확인하십시오(해당하는 모든 것을 선택하십시오)." 카타 속성은 이 질문 아래에 하나 또는 여러 열로 표시되며, 소비자는 평가 대상 시료의 특성을 나타내는 데 적합한 속성을 선택한다.

표 9-11 카타 질문의 예

이름 :   날짜 :

시료 번호 :

다음 목록에서 이 제품의 특성을 표시해 주십시오(해당하는 모든 것을 선택하십시오).

외관		향/냄새		맛/향미		조직감/입안 감촉	
노란색	☐	단 향	☐	단맛	☐	꾸덕한 느낌	☐
묽음	☐	시큼한 향	☐	요구르트 향미	☐	입안 잔여감	☐
윤기	☐	우유향	☐	치즈 향미	☐	기름진 느낌	☐

특별히 느끼신 특성이나 의견을 적어 주십시오.

수고하셨습니다.

2) 적당척도

적당척도(JAR, Just-About-Right scale)는 소비자 연구에서 제품의 특성이 너무 높거나 너무 낮은 수준에 있는지 또는 '적당한' 수준에 있는지를 확인하는 데 사용된다. 예를 들어, 음료수의 당도를 결정하기 위해 소비자에게 프로토타입 제품을 맛보게 하고 '너무 약함'에서 '너무 강함'까지 범위가 있는 척도로 단맛을 평가하도록 할 수 있다. 소비자의 답변은 프로토타입을 개선할 기회가 있는지 나타내고 잠재적인 제품 변경의 방향을 제시하기 때문에, 적당척도는 주로 감각적인 특성을 최적화하기 위한 연구에서 흔히 사용된다. 다른 최적화 방법과 달리 적당척도는 하나의 제품만 평가할 때도 활용할 수 있어 경제적인 도구이다(제6장 참조).

3) 개방형 질문

개방형 질문(open-ended question)은 의견을 요청하고 즉흥적인 답변을 허용하는 형태로, 소비자들은 미리 구성된 문구나 단어 목록에 맞추거나 조절할 필요 없이 자유롭게 답변을 제공한다. 이 방식으로 정보를 요청하는 것은 오래 전부터 사용되어 왔으며 의학 연구, 정치 및 사회과학, 마케팅과 같은 여러 분야에서 여전히 사용되고 있다. 소비자의 자유로운 설명을 가능하게 하면 소비자 어휘에 대한 중요한 통찰력을 얻을 수 있고, 소비자들이 연구원이 미리 선택한 속성에 주의를 기울

표 9-12 적당척도 질문의 예

이름 : 　　　　날짜 :

시료 번호 :

이 제품의 단맛에 대해 적합한 강도를 평가하십시오.

단맛	□ 너무 약함	□ 약함	□ 적당함	□ 강함	□ 너무 강함

수고하셨습니다.

표 9-13 개방형 질문의 예

이름 :	날짜 :
시료 번호 :	
1. 이 제품의 좋은 점을 자유롭게 기술하십시오. 2. 이 제품의 싫은 점을 자유롭게 기술하십시오. 수고하셨습니다.	

일 필요 없이 중요한 속성에 집중할 수 있다. 최근에는 카이제곱 퍼셀(chi-square per cell) 분석 방법의 사용으로 더 깊고 통계적으로 신뢰할 수 있는 교차표 분석이 가능해져 보다 정확하게 데이터를 해석할 수 있다.

CHAPTER 10

와인과 커피 감각평가

CHAPTER 10

와인과 커피 감각평가

1. 와인 시음

와인 시음(wine tasting)이란 와인을 시각적, 후각적, 미각적으로 검사하고 분석하여 느낀 점을 명확한 언어로 표현하고 판단하는 것이다. 이는 인간의 오감에 의해 감지될 수 있는 모든 제품의 개발과 관련된 연구에 사용되는 식품 감각평가를 응용한 방법으로, 와인으로 전문화된 분야로 보면 된다. 각각의 와인을 시음하고 표현할 때, 이 와인과 저 와인은 '다르다', '비슷하다' 등으로 표현할 뿐 '옳다', '그르다' 등의 표현을 하지 않는 것이 관례이다. 와인에 대한 경험이 많은 시음자들은 처음 와인의 향을 맡자마자 과거에 시음했던 와인과 바로 연결 지어 기억에 의존할 때가 많다. 미묘하게 다른 와인들을 기억해낸 뒤, 서로 비교하여 시음을 할 수 있다.

1) 와인의 외관

와인은 시각적 평가를 통해 와인의 숙성 정도와 품질 특성을 알 수 있다. 레드 와인의 경우, 와인이 담긴 글라스의 중심색과 가장자리의 색의 차이가 클수록 숙성 기간이 긴 와인이라고 평가한다. 고품질 와인은 진한 적색을 나타내고, 색이 옅은 와인은 급히 양조되었거나 미성숙한 포도를 사용한 와인이다. 과도 숙성된 와인은 황갈색을 나타낸다. 와인 글라스를 돌렸을 때 글라스의 안쪽 벽을 타고 흐르는 '와인의 눈물(tears, legs)'이 천천히 흘러내릴수록 알코올 농도와 점도가 높은 와인이다. 화이트 와인의 경우, 숙성이 될수록 색깔이 황금색으로 진해지며, 과도 숙성된 와인은 갈색을 띤다. 그 외 와인의 외관 특성은 표 10-1과 같다.

표 10-1 와인의 외관 특성

구분	관련 용어
투명도	탁한, 조금 탁한, 흐린, 맑은, 아주 맑은
채도	묽은, 엷은(pale), 미디엄(medium), 딥(deep), 다크(dark)
색상	• 화이트 : 초록색을 띤-담황색-볏짚색(straw yellow)-황금색 • 레드 : 자주색-자주색 및 적색-레드-레드 브라운
점성	약발포성, 묽은(watery), 노멀(normal), 진한(Heavy), 오일리(oily)

2) 와인의 향

와인 시음에서는 향을 표현하는 것이 중요하다. 사람의 후각은 매우 민감하기 때문에 후각적인 경험이 있으면 그 향을 찾아낼 수 있다. 그러나 향에는 기본이 되는 원향(primary scent)이 없고, 상호작용을 일으키는 수많은 휘발성 화합물이 복합적으로 작용하기 때문에 맛이나 질감보다 표현하기 어렵다. 아로마 표현을 잘 하려면 향의 종류를 찾아내는 연습이 필요하다. 와인의 향은 식품의 냄새와 비슷하므로 쉽게 구할 수 있는 과일, 꽃 등의 농산물, 향신료, 차 등을 통해 아로마 훈련을 해볼 수 있다. 와인 교육 과정에서는 '아로마 키트 샘플'을 사용하여 훈련을 하기도 한다. 와인의 향은 크게 세 가지로 구분하여 분류할 수 있다.

(1) 1차 아로마

1차 아로마(primary aromas)는 포도 자체에 함유되어 있기도 하고 포도 껍질에서 주로 발생하기도 한다. 주로 꽃향(floral), 과일향(fruity), 풀 또는 풀잎의 향(herbaceous)으로 표현한다. 와인을 양조할 때 블렌딩 과정을 거치기도 하는데, 이때 블렌딩되는 다양한 품종의 포도향이기도 하다. 글라스를 흔들지 않은 상태에서 발산하는 향은 주로 1차 아로마로, 포도 품종에 따라 전형적인 향이 나타난다.

(2) 2차 아로마

2차 아로마(secondary aromas)는 포도 품종의 특징적인 향과 발효 과정에서 효모 작용에 의해 얻어진 향이 결합하여 형성된 새로운 아로마이다. 1차 와인 발효 과정에서 효모로 인해 생기는 향에서는 밀, 브리오슈 빵, 바나나, 매니큐어 등의 향을 느낄 수 있다. 2차 젖산발효 후에 나는 향으로는 버터나 프레시 크림의 향이 대표적이다. 예를 들어, 프랑스 보졸레 가메 품종의 와인은 탄산가스 침용(macération carbonique) 발효로 바나나향이 나며, 2차 젖산 발효에서 버터, 개암열매의 향으로 변화하기도 한다.

(3) 3차 아로마

3차 아로마(tertiary aromas)는 와인 숙성 과정에서 얻어지는 복합적인 향이다. 병 안에서 공기와 접촉이 없는 상태로 와인이 숙성하며 발전하는 복합적인 향이며, '부케(bouquet)'라고도 한다. 포도의 품종, 기후, 토양, 양조 방법 등에 영향을 받고 생성된 와인이 오크통 숙성 과정 중 화학적인 변화를 통해 새로운 복합적인 향을 발생시킨다. 열매향(nutty), 향신료향(spicy), 오크향(woody) 등으로 표현된다.

3) 와인의 맛

혀를 통해 느껴지는 와인의 맛은 단맛, 신맛, 쓴맛, 짠맛이 있다. 단맛은 와인을 시음할 때 가장 먼저 감지되는 맛으로, 와인에 남아 있는 당분이 많을 때 단맛이 많이 느껴진다. 단맛이 약한 와인은 달지 않다는 의미에서 '드라이(dry)하다'라고 표현한다. 신맛은 단맛 다음으로 감지되며 와인에 생기를 부여한다. 쓴맛은 타닌(tannin)에 의해 나타난다. 타닌은 떫은맛에 영향을 주기도 한다. 짠맛은 와인의 맛과 큰 관계는 없지만 가끔 레드 와인에서 느껴지는 경우도 있다. 와인을 시음할

표 10-2 와인 시음 용어

주요 용어	의미
acidity(신맛)	• 와인에서 느껴지는 신맛의 정도
aroma(아로마/향기)	• 원산지에 따라 서로 다른 개성을 보이는 포도의 향기
astringency(떫은)	• 타닌 혹은 산에 의해 느껴지는 맛의 감각
austere(거친)	• 산도나 타닌이 지나치게 강하게 느껴질 때 이를 묘사하는 표현
balanced(균형 잡힌)	• 와인의 산도, 당도, 알코올, 타닌 등 다양한 요소들의 조화로운 관계를 묘사하는 표현
big(무게 있는)	• 알코올 함량이 높은 중후한 와인
bitterness(쓴맛)	• 저품질 와인에서 느껴지는 불쾌한 맛 또는 숙성이 덜 된 와인에서 느껴지는 쓴맛
body(바디)	• 입안에서 인지되는 와인의 질감 혹은 무게감 • 알코올 함량이 높을수록 와인은 풀 바디(full bodied)에 가까워짐
bouquet(부케)	• 와인 제조 과정에서 인위적인 여건에 의해 와인에 녹아든 향 • 특정 와인이 발효 혹은 숙성되는 오크 배럴의 향
buttery(버터리)	• 화이트 와인에서 감지되는 진하고 크리미한 맛 혹은 질감
citrus(시트러스)	• 귤, 라임, 레몬, 오렌지, 자몽 등 감귤류 과일의 향기와 풍미
closed(닫힌)	• 와인의 향이 잘 드러나지 않는 경우의 표현으로 향이 가려져 있다는 의미
coarse(거친)	• 타닌이 강한 힘 있지만 거친 와인
corky(오염된)	• 잘못 제작된 코르크 때문에 와인에서 젖은 마분지 또는 케케묵은 곰팡이 냄새가 나는 경우
dry(드라이)	• 와인의 당도가 매우 낮음을 의미

(계속)

주요 용어	의미
earthy(흙냄새)	• 흙이 젖었을 때 나는 냄새 또는 젖은 잎처럼 축축한 냄새를 지칭하는 용어
easy(쉬운)	• 접근하기 쉬운 또는 마시기 쉬운 와인 • 투자한 정도만큼의 즐거움을 주는 저가의 와인을 묘사
fat(육중한)	• 입안에서 묵직함이 느껴지는 진한 와인
finish(여운)	• 와인의 뒷맛과 거기에서 얻어지는 즐거움을 의미 • 좋은 와인일수록 여운이 김
flat(플랫)	• 신맛과 생동감이 떨어지는 와인 • 스파클링 와인의 경우에는 탄산이 빠졌음을 의미
fruity(프루티)	• 신선한 과실맛과 과실향을 머금은 와인
gamey(야금류의)	• 야금류에서 나는 특유의 향과 풍미가 감지될 때 사용 • 향이 자극적이고 숙성 단계에 이르렀음을 의미
green(풋풋한)	• 숙성이 조금 더 필요한 와인을 지칭
hard(거친)	• 주로 타닌이 지나치게 함유되었을 때 느껴지는 신랄함을 표현할 때 사용
harsh(매우 거친)	• 맛이 거칠다는 표현인 'coarse' 혹은 'hard'보다 더 부정적인 시음 용어
minerality(미네랄감)	• 젖은 시멘트 혹은 동전을 오래 쥐고 있을 때 손에서 나는 냄새와 비슷
mouthfeel(마우스필)	• 입안에서 느껴지는 와인의 질감
nose(노즈)	• 와인의 아로마와 부케를 지칭
oaky(오크향)	• 참나무의 일종으로 만든 저장통 안에서 발효 또는 숙성된 와인에서 나는 오크향 • 오크통에서 생성되는 다른 향으로는 바닐린(vanillin), 토스트, 캐러멜, 초콜릿, 타피, 코코넛향 등이 있다.
opulent(풍부한)	• 입안에서 느껴지는 풍부한 향과 맛을 의미 • 지나치지 않을 정도로 적절하게 나는 경우에 사용하는 긍정적인 표현
spicy(스파이시)	• 아니스, 계피, 정향, 육두구, 후추 등의 향신료향
structure(구성)	• 산, 타닌, 글리세린, 알코올, 당분이 와인의 감촉에 미치는 총체적 효과 • 주로 맛의 구조가 단단할 때 사용되거나, 구조가 부족하다는 수식에서 사용
tannins(타닌)	• 타닌이 많은 경우, 덜 익은 감을 먹었을 때와 같이 입안이 마르고 혀끝이 텁텁한 느낌을 받음
tobacco(담배)	• 부케를 설명하는 시음 용어 • 오크 배럴에서 숙성시킨 보르도 와인에서 나는 담뱃잎과 같은 향을 묘사하는 데 사용
vanilla(바닐라)	• 오크 숙성된 와인에서 감지되는 향이나 맛을 묘사하는 용어
vegetal(채소향)	• 피망, 셀러리, 아스파라거스 등의 채소 풋내를 연상시키는 향을 지칭하는 시음 용어
woody(우디)	• 오크통에서 오랜 기간 숙성 보관된 와인에서 나는 나무 향과 맛

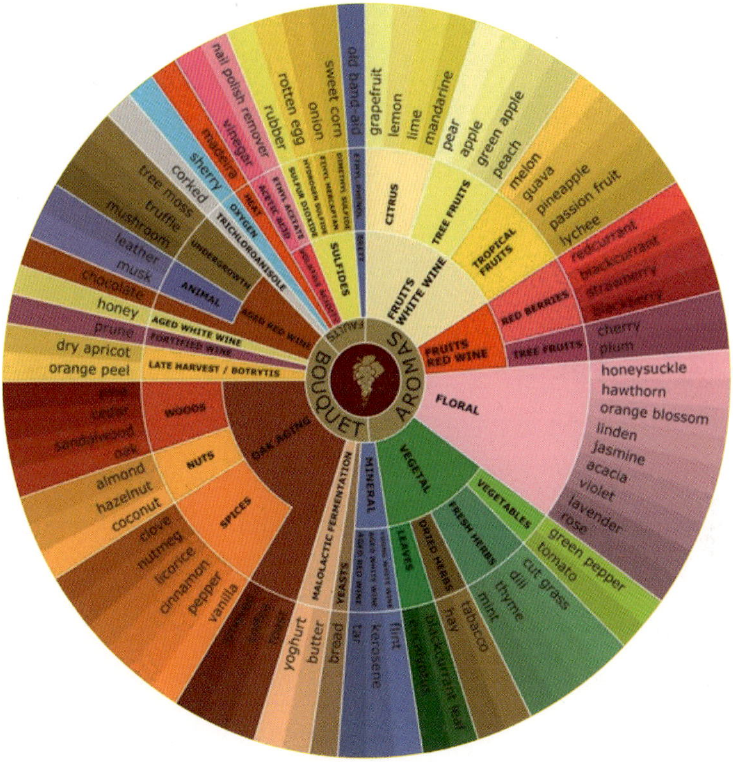

● **그림 10-1** 와인 아로마 휠

출처 : https://all-free-download.com/free-photos/download/wine-aroma-wheel_188044.html

때 사용하는 주요 용어는 **표 10-2** 와 같다.

아로마 휠(aroma wheel)은 와인의 향과 맛을 체계적으로 정리한 것이며, 원형의 바퀴 모양으로 와인의 아로마를 3단계로 구분하였다. 아로마 휠 안쪽에서 일반적인 향을 구분한 후 바깥쪽으로 갈수록 구체적인 향을 나타낸다 **그림 10-1**.

4) 와인 시음 방법

와인의 특성을 올바르게 판단하려면 시음의 감각을 반복 훈련시키는 것이 필요하다. 이것은 외부요인에 방해받지 않고 시각, 후각, 미각의 중요성을 깨우치는 것으로 끊임없는 연습이 있어야 한다. 즉, 소믈리에들이 사용하고 있는 전문용어를 습득하고 지속적으로 훈련을 해야 한다. 일반적인 식품은 우리의 혀를 통해 맛을 느끼지만 와인의 맛은 혀에 있는 미세포를 통해서만 느끼는 것은 아니다. 눈에 보이는 와인의 색깔, 입속의 점막에 와인이 닿는 느낌, 목에서 코로 퍼지는 향기 등 다양한 감각이 종합되어 생겨난다.

(1) 와인 시음 순서

❶ 먼저 눈으로 와인의 외관과 색을 관찰한다. 이때 와인 글라스 뒤에 하얀색 종이나 천을 대고 색을 관찰한다.

❷ 글라스를 흔들지 않고 코로 천천히 향을 맡는다. 이때 나타나는 향기는 포도 열매에서 나는 신선한 과일향인 아로마(aroma)이다.

❸ 시음 글라스를 점진적으로 가볍게 흔들면서(swirling) 코에 대고 올라오는 향을 맡는다. 이 단계에서는 와인이 공기와 접촉하고 용해되어 있는 가스가 제거되며 휘발성이 약한 향이 발산된다. 이후 모든 복합적인 향이 발산하며, 공기와의 접촉을 통해 올라오는 와인의 향을 부케(bouquet)라고 한다.

❹ 입에 와인을 한 모금 넣고 10~15초 정도 머금으며 입안 전체를 골고루 적셔 맛을 음미한다.

❺ 와인을 뱉어낸 후 입안에 남아 있는 후미를 확인한다.

❻ 와인을 시음한 후 빈 글라스의 향을 맡아보면 아로마가 남아 있으며 오랫동안 지속되기도 한다. 알코올에 의해 숨겨져 있던 향들을 새롭게 느낄 수도 있다.

❼ 하나의 와인 시음이 끝나면 적어도 2분 정도 휴식을 취한 후 후각이 정상화되면 다른 와인을 시음한다.

(2) 와인 시음의 감각적인 분석 요소

와인을 시음할 때 감각적으로 분석해야 하는 것에는 와인의 당도, 산도, 바디감, 알코올 함량, 타닌감, 과일의 풍미, 균형 등이 있다. 각 요소들의 특징은 다음과 같다.

❶ 당 도

드라이, 오프드라이, 스위트로 표현되는 와인의 당도이다. 와인에서 스위트의 반대 개념은 드라이라는 것을 기억하면 좋다.

❷ 산 도

와인의 신 정도, 톡 쏘는 정도를 의미한다. 산도가 높으면 와인이 드라이하게 느껴질 수도 있다. 산도가 높은 와인부터 낮은 와인까지의 순서는 표 10-3과 같다.

표 10-3 산도의 함량에 따른 와인의 순서

샴페인, 리슬링, 슈냉블랑, 샤블리, 알바리뇨, 뮈스까데, 상세르, 화이트 부르고뉴, 샤르도네(캘리포니아 산타바바라), 네비올로, 가메, 피노누아(부르고뉴), 쉬라(북부론), 리오하, 카베르네 프랑, 보르도 서안, 그뤼너 벨트리너, 소비뇽블랑(신세계), 샤르도네, 피노누아(소노마), 카베르네(워싱턴), 진판델, 말벡

❸ 바디감(풀, 미디움, 라이트)

와인의 바디감은 입안에서 느껴지는 밀도, 마우스필(mouthfeel), 질감이라고 표현할 수 있다. 바디감에 따른 와인의 종류는 다음과 같으며, 각 구분별 바디감이 높은 와인에서 낮은 와인 순서로 표기하였다 표 10-4.

표 10-4 바디감에 따른 와인의 구분

구분	종류
풀바디	메를로, 카베르네 소비뇽, 호주산 쉬라즈, 말벡, 샤토네프 뒤파프, 보르도 우안, 네로다볼라, 피노타지
미디엄-풀	쉬라(북부론), 리오하, 보르도 서안, 피노누아
미디엄	샤르도네, 소비뇽블랑, 네비올로, 카베르네 프랑
라이트 미디엄	가메, 로제, 피노 그리지오
라이트	리슬링, 로제

❹ 타 닌

떫거나 쓴맛으로 입안을 마르게 하는 특징이 있다. 타닌의 함량이 많은 와인부터 적은 와인까지의 순서는 다음 표 10-5와 같다.

● **표 10-5** 타닌의 함량에 따른 와인의 구분

타닌 함량	종류
많음	네비올로, 카베르네 소비뇽, 피노누아(구세계)
중간	메를로, 말벡
적음	가메, 피노누아(신세계), 진판델

⑤ 풍미

소믈리에들은 향미(flavor)를 풍미라는 표현으로 더 많이 사용한다. 일반적인 와인의 풍미, 아로마를 표현하는 방법에 주관적인 표현이 더해질 수 있다. 와인의 풍미는 허브, 과일, 미네랄, 흙, 오크향으로 표현할 수도 있다.

● **표 10-6** 와인의 풍미

구분	종류
허브	소프트허브–민트·타임, 우드허브–로즈마리·유칼립투스
과일	적색과일–딸기·라즈베리·체리·붉은자두·레드커런트, 블랙과일–자두·블랙베리·블랙커런트·블랙체리·올리브
미네랄	젖은 돌, 화산석, 칠판에 사용하는 분필, 아스팔트에 내린 비 냄새, 꺼진 모닥불의 차가운 훈연향
흙	버섯, 송로버섯, 가죽, 가을낙엽, 이끼 등

(3) 와인 시음 패널의 요건

다른 식품의 감각평가와 마찬가지로 특정한 개인에 의해 평가 결과가 좌우되는 것은 바람직하지 않다. 따라서 향과 맛에 대한 예민도가 높고 재현성이 있는 패널을 모집하고 선발하여 특정 자격을 갖는 집단이 와인 시음 패널이 되어야 한다. 와인 시음 패널은 건강상태가 좋아야 하고, 일관성 있는 판단을 해야 하며, 신뢰성이 있어야 한다. 또한 와인 특성에 대한 표현능력과 맛 평가능력을 갖추어야 한다. 와인 시음 전에는 다음과 같은 사항을 고려한다.

① 시음 전에는 냄새가 강한 식품, 커피, 차, 달걀 등을 섭취하지 않는다.

❷ 와인 평가 전에는 구강과 입 주변을 물로 잘 헹구어 구취를 제거한다.

❸ 향수, 스프레이 등 향이 강한 제품 사용을 금지한다.

❹ 흡연은 다른 패널에 크게 영향을 미치기 때문에 금연한다.

5) 와인 아로마 키트 시향

와인 교육용 자료로 사용되는 아로마 키트는 아로마를 인지하는 능력을 발달시키

● 와인 아로마 시향 실습

● 재료

레드 와인 아로마 키트 12종, 화이트 화인 아로마 키트 12종, 뚜껑이 있는 갈색병(1회용 시료병), 탈지면, 시료별 다른 나무젓가락 24개, 견출지 등

● 방법

① 레드 와인 아로마 키트와 화이트 와인 아로마 키트를 사용하여 각각 아로마를 블라인드 테이스팅 방법으로 기억하고 명명하고 분류한 후 분류해내지 못한 것들을 확인한다.

② 각 조별로 블라인드 테스트용 와인 에센스 시료를 뚜껑이 있는 갈색병 혹은 1회용 시료병에 탈지면을 이용하여 한 방울 떨어뜨려 준비한 후 3자리 무작위 번호를 붙여 시료의 이름을 숨긴다.

③ 같은 조가 준비한 시향 세트로 30분 정도 시료의 아로마와 이름을 외운다.

④ 조를 바꾸어 다른 조가 준비한 시료로 기억하는 정도를 시향 평가지에 기록한다.

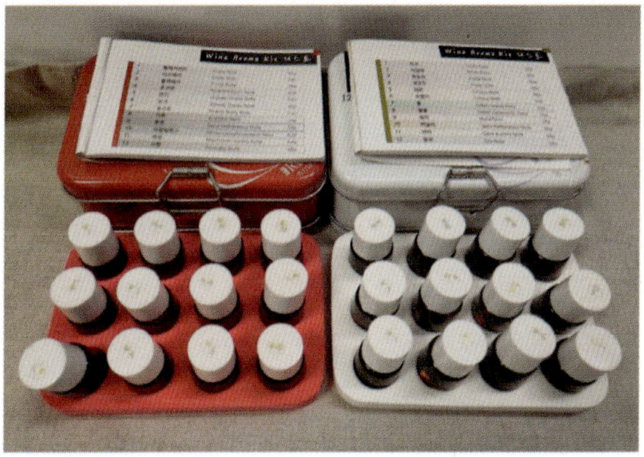

● **그림 10-2** 아로마 키트 : (좌) 레드 와인, (우) 화이트 와인

● **표 10-7** 와인 아로마 키트 구성의 예

레드 와인 아로마 키트	
블랙커런트	fruity note
라즈베리	fruity note
블랙베리	fruity note
초콜릿	roasted burnt
연기	woody smoky
오크	woody smoky
토스트	roasty nutty
가죽	animalic
후추	spicy herbaceous
유칼립투스	minty camphoraceous
버섯	mushroom earthy
사향	animalic

화이트 와인 아로마 키트	
사과	fruity note
서양배	fruity note
복숭아	fruity note
청포도	fruity note
레몬	citrus note
오렌지	citrus note
풀	green grassy note
벌꿀	sweet caramellic note
장미	floral note
바닐라	spicy herbaceous note
버터	buttery note
등유	dry note

● **표 10-8** 시향 평가지의 예

레드 와인		
1	547	
2	733	
3	347	
4	589	
5	121	
6	890	
7	147	
8	750	
9	949	
10	134	
11	481	
12	951	

화이트 와인		
1	653	
2	590	
3	327	
4	125	
5	980	
6	741	
7	310	
8	665	
9	507	
10	960	
11	213	
12	651	

고 이를 언어로 묘사할 수 있도록 도움을 준다. 대부분의 사람들은 지속적인 훈련을 통해 와인이 가지고 있는 다양한 향을 구별해낼 수 있게 된다. 아로마를 구별한 후 이를 용어로 암기한다면 아로마를 더 잘 기억할 수 있을 것이다.

2. 커피 시음

커피에는 약 1,200여 종의 화학 분자가 있고 재배 지역과 고도 등의 환경에 따라 커피의 향과 맛이 달라진다. 커피의 향과 맛을 평가하는 방법으로는 커핑과 테이스팅이 있다. 커핑(cupping)은 생두의 품질을 평가하기 위해 일정한 순서와 방법에 따라 진행되며, 전문가들에 의해 이루어진다. 커피에서 발현되는 향기와 맛 등의 평가 요소들이 점수화되어 있으며, 평가 후 최종 점수로 합산한다. 그 결과는 평가된 커피가 스페셜티인지 구분하는 기준이 된다. 이러한 최종 점수는 커피의 가격

● 그림 10-3 로스터기

책정을 위한 지표가 되기도 한다. 또한 로스터가 로스팅 문제점을 발견할 수 있도록 도와주기 때문에 커핑은 로스터가 되는 데 있어서 필수적인 단계라 할 수 있다. 테이스팅(tasting)은 로스팅된 커피의 추출 결과물을 맛보는 행위라고 볼 수 있다. 커핑처럼 구체적인 방법 등이 정해져 있는 것은 아니며, 커피를 실제로 마시며 커피의 강도와 향미(flavor)를 분석할 수 있게 한다. 커피 테이스팅을 통해 커피가 추출되기 전 어떻게 보관되었는지, 원두는 얼마나 신선한지, 어떠한 방법으로 추출되었는지, 로스팅 프로파일이 어떻게 설계되었는지 등에 대해서도 알 수 있다.

1) 커피의 향

커피의 향은 기체 상태의 천연화합물로써 로스팅된 커피에 함유되어 있다. 이러한 향은 커피를 분쇄했을 때 가스 상태로 방출되고(fragrance), 뜨거운 물로 추출하게 되면 증기 상태로 방출된다(aroma). 또한 추출한 커피를 마실 때나(nose) 마시고 난 후의 잔여물에 의해서도 커피의 향은 감지된다(aftertaste). 좋은 커피일수록 꽃이나 과일향을 낸다고 하며, 일반적으로 케냐 커피는 열대 과일이나 복숭아의 향, 브라질 커피는 아몬드 초콜릿향, 인도네시아 커피는 허브 및 초콜릿향 등을 내는 것으로 알려져 있다.

(1) 분쇄된 커피의 향(fragrance)

로스팅된 커피를 분쇄하면 커피 조직 내에 있던 탄산가스가 방출된다. 이 가스는 에스테르 형태의 화합물로 커피에서 나는 가벼운 향기를 구성한다. 주로 꽃향(flower)을 나타낸다.

(2) 추출된 커피의 향(aroma)

분쇄된 커피를 뜨거운 물로 추출하면 커피 내부에 있는 유기 물질이 열에 의해 기화하여 향이 발생한다. 향의 주된 구성성분은 케톤이나 알데히드 계통의 휘발성 화합물이다. 주로 과일향(fruity), 풀향(herbal), 견과류향(nutty)을 나타낸다.

(3) 커피를 마시면서 느끼는 향(nose)

커피를 마실 때 액체 상태의 커피 중에 있던 유기 성분들이 공기와 혼합되어 증기 상태로 변화한다. 이 증기 상태의 주된 성분은 카보닐 화합물이며, 생두에 존재했던 당류가 로스팅 과정에서 캐러멜로 변하여 생성된 것이다. 느껴지는 향은 캐러멜향(caramel), 캔디향(candy), 시럽향(syrup) 등으로 다양하다.

● 커피 아로마 키트

커피 교육용 자료로 아로마 키트가 사용되는데, 이는 커피에서 발생하는 주요 향기를 36가지로 구분하여 만든 학습 도구이다. 이 36가지 향은 생두의 효소 반응, 로스팅 중 갈변 반응, 로스팅 과정에서의 건열 반응, 가공 시 주변환경에 의한 화학적 변화 등에 의해 발생하는 향으로 엔자이매틱, 슈거 브라우닝, 드라이 디스틸레이션, 아로매틱 테인트의 4개 그룹으로 구분된다. 이 중 드라이 디스틸레이션, 아로매틱 테인트 그룹의 향은 부정적인 것으로 느껴진다.

● 엔자이매틱(enzymatic) **커피 생두의 효소 반응에 의해 만들어지는 향**
- 꽃향(flowery) : 장미(tea rose), 커피꽃(coffee blossom), 꿀(honeyed)
- 과일향(fruity) : 레몬(lemon), 살구(apricot), 사과(apple)
- 허브향(herby) : 감자(potato), 완두콩(garden peas), 오이(cucumber)

● 슈거 브라우닝(sugar browning) **로스팅 중 당의 갈변 반응에 의해 발생하는 향**
- 캐러멜향(caramelly) : 신선한 버터(fresh butter), 캐러멜(caramel), 볶은 땅콩(roasted peanuts)
- 견과류향(nutty) : 볶은 아몬드(roasted almonds), 볶은 헤이즐넛(roasted hazelnuts), 호두(walnuts)
- 초콜릿향(chocolaty) : 바닐라(vanilla), 토스트(toast), 다크초콜릿(dark chocolate)

● 드라이 디스틸레이션(dry distillation) **로스팅 시 커피 콩의 수분이 날아가면서 발생하는 향**
- 향료향(spicy) : 정향(clove-like), 후추(pepper), 고수풀 씨앗(coriander seeds)
- 수지향(resinous) : 삼나무(cedar), 블랙커런트(blackcurrant-like), 감초(liquorice)
- 열분해향(pyrolytic) : 맥아 엿기름(malt), 잎담배(pipe tobacco), 볶은 커피(roasted coffee)

● 아로매틱 테인트(aromatic taint) **외부 환경에 의한 화학적 변화로 발생하는 향**
- 흙향(earthy) : 흙(earth), 짚(straw), 가죽(leather)
- 발효향(fermented) : 커피 과육(coffee pulp), 바스마티 쌀(basmati rice), 의약품(medicinal)
- 방향류(phenolic) : 요리된 육류(cooked beef), 연기(smoke), 고무(rubber)

(4) 입안에 남는 향(aftertaste)

커피를 마신 후 입에 남아 있는 성분이 증기로 바뀌면서 느껴지며, 커피의 맛이 감소된 후 인식되는 향이다. 원인물질은 지질 같은 비용해성 액체와 수용성 고체 물질로, 씨앗이나 향신료에서 나는 톡 쏘는 향(spicy), 로스팅 과정에서 생성되는 피라진 화합물로 인한 초콜릿향(chocolate), 휘발성이 낮은 탄화수소 및 질소화합물에 의해 생성되는 송진향(turpeny) 등이 나타난다.

2) 커피의 맛

커피의 맛은 로스팅된 커피를 추출했을 때 물에 녹아드는 무기 및 유기성분에 의해 단맛, 신맛, 쓴맛, 짠맛의 네 가지 기본맛으로 구성된다. 단맛은 당류, 알코올류, 일부 산 용액에서 느껴지는 맛이고, 신맛은 구연산, 주석산, 사과산 등의 유기산 용액에서 느껴지는 맛이다. 쓴맛은 카페인과 퀴닌 등의 알칼로이드 용액에서 느껴진다. 짠맛은 염소, 브롬, 요소, 질산염, 황산염 등에서 느껴지는 맛으로, 로스팅이 잘못된 커피 콩으로 추출한 경우 발생한다. 네 가지 기본맛 중 단맛, 신맛, 짠맛은 각 맛의 상대적 강도에 따라 상호작용을 일으켜 여섯 가지 맛의 결합이 일어날 수 있다. 이를 커피의 1차 맛(primary coffee taste)이라고 하며, 특성은 표 10-9와 같다.

표 10-9 커피의 1차 맛의 특성

구분	특성
Acidy(상큼한)	커피 중 산에 의해 생성되며 당과 결합하여 추출 커피의 전체적인 단맛을 증가시킴
Mellow(달콤한)	커피 중 염에 의해 생성되며 당과 결합하여 추출 커피의 전체적인 단맛을 증가시킴
Winey(와인)	커피 중 당에 의해 생성되며 산과 결합하여 추출 커피의 전체적인 신맛을 감소시킴
Bland(약한)	커피 중 당에 의해 생성되며 염과 결합하여 추출 커피의 전체적인 짠맛을 감소시킴
Sharp(자극적인)	커피 중 산에 의해 생성되며 염과 결합하여 추출 커피의 전체적인 짠맛을 증가시킴
Soury(시큼한)	커피 중 염에 의해 생성되며 산과 결합하여 추출 커피의 전체적인 신맛을 감소시킴

커피의 1차 맛을 식별한 후의 다음 단계는 맛의 방향을 표현하는 적합한 커피의 2차 맛(secondary coffee taste) 용어를 선택하는 것이다. 여섯 가지 특성으로 표현

된 1차 맛은 12개의 2차 맛으로 분류되며, 단맛, 신맛, 짠맛의 기본맛 강도에 따라서도 그 특성이 다음과 같이 결정된다.

표 10-10 커피의 2차 맛

특성	맛의 변화	커피의 2차 맛
Acidy(상큼한)	+ 단맛	Nippy(강렬한 단맛)
	+ 신맛	Piquant(자극적인 단맛)
Mellow(달콤한)	+ 단맛	Mild(산뜻한 단맛)
	+ 짠맛	Delicate(미세한 단맛)
Winey(와인)	+ 단맛	Tangy(시큼한 맛)
	+ 신맛	Tart(날카로운 신맛)
Bland(약한)	+ 단맛	Soft(드라이한 맛)
	+ 짠맛	Neutral(드라이한 맛)
Sharp(자극적인)	+ 짠맛	Rough(자극적인 맛)
	+ 신맛	Astringent(아주 떫고 짠맛)
Soury(시큼한)	+ 짠맛	Acrid(쏘는 듯한 강한 신맛)
	+ 신맛	Hard(쏘는 듯한 신맛)

생두 가공법에 따른 향과 맛

커피의 향과 맛은 원산지, 생두 가공법, 로스팅 및 추출방법 등의 영향을 받는다. 이 중 커피 가공법은 프로세스(process)라고 하는데, 종류는 내추럴, 워시드, 허니 등의 방법이 있다.

● 내추럴(natural)

- 커피체리(과육)이 있는 채로 생두를 건조시키는 방법
- 깔끔하고 산미가 있음

● 워시드(washed)

- 커피체리를 벗겨낸 후 세척한 생두를 건조시키는 방법
- 복합적인 향과 맛을 냄

● 허니(honey)

- 내추럴과 워시드의 중간 수준의 가공법
- 내추럴과 워시드의 중간 정도의 맛을 냄

3) 커피의 촉감

커피를 섭취한 후 입안에서 물리적으로 느껴지는 감각(mouthfeel)이다. 입안의 말초신경은 커피의 점도와 미끈함을 감지하며, 이를 종합하여 바디(body)라 표현한다. 점도(viscosity)는 커피 추출액의 고형분의 양에 영향을 받고, 미끈함(oilness)은 커피의 지질 함량에 따라 다르게 느껴진다. 커피의 바디는 농도와는 다른 개념이며, 커피의 바디가 강하다고 해서 맛으로 감지되는 농도가 반드시 강한 것은 아니다. 커피의 촉감과 관련된 특성은 지방 함량에 따라 구분되기도 하고, 섬유질이나 불용성 단백질과 같은 고형분의 양에 따라서도 특성이 나뉜다.

표 10-11 지방 함량에 따른 커피의 촉감 특성

특성	내용
싱거운	지방 함량이 비교적 낮을 때 느끼는 감각으로 적은 양의 커피를 넣고 추출한 커피에서 느껴짐
부드러운	생두의 지방 함량이 보통 정도일 때 느껴짐
매우기름진	생두의 지방 함량이 다소 많을 때 느껴짐
기름진	지방 성분이 커피의 섬유질과 섞여 나타나는 특성으로 지방 성분이 비교적 높은 수준일 때 느껴지며, 에스프레소 커피의 특성임

표 10-12 고형분의 양에 따른 커피의 촉감 특성

특성	내용
묽은	고형분의 양이 비교적 낮은 수준으로 미세하게 느껴질 정도로 있을 때 나타나며, 적은 양의 커피를 페이퍼 필터 드립으로 추출할 때 느껴짐
연한	고형분의 양이 다소 낮은 수준으로 섬유질이나 불용성 단백질을 감지할 정도로 있을 때 느껴짐
무거운	커피 추출액에 고형분의 양이 많을 때 느껴짐
진한	비교적 많은 고형분이 있을 느껴지는 감각으로 에스프레소 커피의 대표적 특성임

4) 커피 플레이버 휠

커피 플레이버 휠(coffee taster's flavor wheel)은 커피에서 느껴지는 특성이 어떠한 것과 비슷한지 쉽게 알 수 있도록 원에 표기한 것이다. 커피 플레이버 휠은 테드 링글(Ted Lingle)에 의해 1995년도에 처음 만들어졌으며 이후 SCA와 세계 커피연구소의 공동 작업으로 새로운 커피 플레이버 휠이 2016년도에 제작되었다. **그림 10-4**의 플레이버 휠은 미국의 카운터 컬처(Counter Culture Coffee) 사에서 제작한 것으로, 커피에서 느껴지는 다양한 플레이버를 그룹화하고 이를 다시 세분하여 하나

● **그림 10-4 커피 플레이버 휠**

출처 : https://liikecoffee.com/article/knock/8/57/#none

의 표로 만든 것이다. 예를 들어, 과일은 감귤, 사과/배, 멜론, 포도, 핵과류, 베리, 말린 과일로 나뉘고, 다시 베리류는 크랜베리, 산딸기, 딸기, 블루베리, 블랙베리, 커런트 등으로 분류되는 것을 알 수 있다.

5) 커피 시음

커피의 98%는 물로 구성되어 있으며, 추출에 사용하는 물의 성분 등에 따라 맛이 달라진다. 커피의 맛은 신맛-단맛-쓴맛의 순으로 발현되며 추출 시간이 길어질수록 쓴맛이 강해진다. 본 장에서는 다양한 추출 방법 중 핸드드립 방법을 적용하여 추출한 커피에 대한 평가를 해보고자 한다.

핸드드립은 커피 추출 횟수와 추출량에 영향을 받으며, 일반적으로 뜸들이기, 1차 추출, 2차 추출, 3차 추출로 구분한다. 핸드드립 추출 시 원두와 물의 비율은 약 1 : 16이며, 원두 자체의 쓴맛이 강하면 1 : 17~18까지도 가능하다. 예를 들어, 원두 20 g일 때 추출에 사용하는 총 물의 양은 320 g이 된다. 뜸들이기를 할 때에는 원두 중량의 2~3배의 물이 필요하고, 이후 추출 횟수에 따라 나누어 추출한다. 단맛이 있는 커피를 원하면 2차 추출의 물 양을 늘려주고, 쓴맛이 있는 커피를 원하면 3차 추출의 물 양을 늘려준다.

● 커피 추출 시기별 물의 양이 감각 특성에 미치는 영향 실험

● 재료 및 기구

일정하게 분쇄된 커피, 드리퍼, 커피 필터, 서버, 드립포트, 저울, 끓인 물(93±1℃), 시음용 50 mL 컵, 생수, 온도계, 견출지, 평가표 등

구분	분쇄 원두 (g)	물의 양(g)			
		뜸들이기	1차 추출	2차 추출	3차 추출
A	20	60	80	100	80
B	20	60	100	80	80
C	20	60	80	80	100

(계속)

● 시료의 준비

1) A 커피

① 드립 포트에 뜨거운 물을 담고 93±1℃의 온도를 유지한다.

② 서버 위에 드리퍼를 올리고 커피 필터를 드리퍼에 장착한 후 저울 위에 올린다.

③ 뜸들이기 : 저울의 영점을 맞춘 후 커피 필터 가운데에 분쇄 원두 20 g을 담고 "①"의 물 60 g을 중심부부터 시작하여 원을 그리며 가장자리까지 가늘게 주입한다. 가스가 빠져 나가기까지 약 40초를 기다린다.

④ 1차 추출 : 저울의 영점을 맞춘 후 "①"의 물 80 g을 중심부부터 가장자리 까지 원을 그리며 붓는다. 이때 중심부는 천천히 가장자리는 빨리 주입한다.

⑤ 2차 추출 : 저울의 영점을 맞춘 후 "①"의 물 100 g을 1차 추출 때보다 물줄기를 굵고 빠르게 하여 주입한다.

⑥ 3차 추출 : 저울의 영점을 맞춘 후 "①"의 물 80 g을 중심부만 원을 그리며 굵고 빠르게 주입한다.

2) B 커피

A 커피 추출과 방법은 같으나 "④ 1차 추출"의 물 양을 100 g, "⑤ 2차 추출"의 물 양을 80 g으로 한다.

3) C 커피

A 커피 추출과 방법은 같으나 "⑤ 2차 추출"의 물 양을 80 g, "⑥ 3차 추출"의 물 양을 100 g으로 한다.

● 감각평가 방법

준비된 시료의 감각평가는 묘사분석, 기호도 평가 등을 실시할 수 있다. 본 장에서는 9점 척도를 이용한 강도 평가에 대한 예를 들어보고자 한다.

① 각 조별로 패널 1인당 서로 다른 세 자리 무작위 번호가 적힌 50 mL 컵 3개를 준비한다.

② 각 컵에 A, B, C 커피 시료를 약 35 mL씩 담는다.

③ "②"의 시료들과 함께 평가지, 입안을 헹구는 용도의 생수 등을 준비한다.

④ 조를 바꾸어 다른 조가 준비한 시료로 강도 평가를 실시한다.

● 커피 감각평가표의 예

날짜 : 이름 :

※ 커피를 시음하여 보신 후 아래의 특성을 평가해 주십시오.

해당되는 □ 칸에 ✓ 표시를 하신 후 그 위에 해당 시료 용기의 번호를 적어주십시오.

1) 색

□	□	□	□	□	□	□	□	□
매우약함	아주약함	보통약함	약간약함	약하지도 강하지도 않음	약간강함	보통강함	아주강함	매우강함

2) 볶은맛

□	□	□	□	□	□	□	□	□
매우약함	아주약함	보통약함	약간약함	약하지도 강하지도 않음	약간강함	보통강함	아주강함	매우강함

3) nutty

□	□	□	□	□	□	□	□	□
매우약함	아주약함	보통약함	약간약함	약하지도 강하지도 않음	약간강함	보통강함	아주강함	매우강함

4) 초콜릿

□	□	□	□	□	□	□	□	□
매우약함	아주약함	보통약함	약간약함	약하지도 강하지도 않음	약간강함	보통강함	아주강함	매우강함

5) 과일

□	□	□	□	□	□	□	□	□
매우약함	아주약함	보통약함	약간약함	약하지도 강하지도 않음	약간강함	보통강함	아주강함	매우강함

6) 쓴맛

□	□	□	□	□	□	□	□	□
매우약함	아주약함	보통약함	약간약함	약하지도 강하지도 않음	약간강함	보통강함	아주강함	매우강함

(계속)

7) 산미

□	□	□	□	□	□	□	□	□
매우약함	아주약함	보통약함	약간약함	약하지도 강하지도 않음	약간강함	보통강함	아주강함	매우강함

8) 단맛

□	□	□	□	□	□	□	□	□
매우약함	아주약함	보통약함	약간약함	약하지도 강하지도 않음	약간강함	보통강함	아주강함	매우강함

9) 바디감

□	□	□	□	□	□	□	□	□
매우약함	아주약함	보통약함	약간약함	약하지도 강하지도 않음	약간강함	보통강함	아주강함	매우강함

10) 복합성

□	□	□	□	□	□	□	□	□
매우약함	아주약함	보통약함	약간약함	약하지도 강하지도 않음	약간강함	보통강함	아주강함	매우강함

11) 후미

□	□	□	□	□	□	□	□	□
매우약함	아주약함	보통약함	약간약함	약하지도 강하지도 않음	약간강함	보통강함	아주강함	매우강함

6) 결 과

커피 시료의 특성강도에 대한 평균값을 계산하고, 결과는 레이다 차트(혹은 스파이더 차트), 주성분 분석 등의 도표로 나타낼 수 있다.

● 커피 감각평가 결과의 예

특성 \ 커피	A	B	C
색	4.5	5.5	7.5
볶은맛	3.1	7.4	7.5
nutty	2.5	6.8	4.9
초콜릿	2.3	4.7	3.6
과일	4.5	3.2	2.4
쓴맛	5.3	6.5	8.3
산미	6.4	5.7	2.1
단맛	7.2	5.4	3.2
바디감	5.7	7.8	6.5
복합성	5.1	6.7	6.1
후미	3.3	4.2	4.3

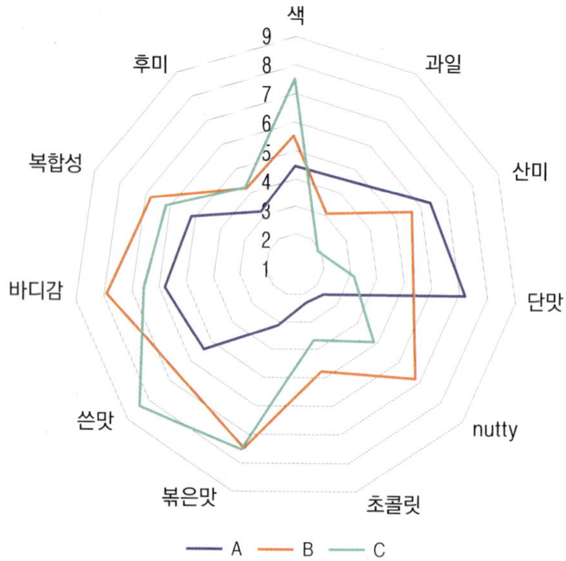

● **그림 10-5** 커피의 감각평가 도표화

CHAPTER 11

감각평가의 실험 설계 및 통계분석

1. 실험설계
2. 통계분석

CHAPTER 11

감각평가의 실험 설계 및 통계분석

1. 실험설계

실험설계(design of experiments)란 해결하고자 하는 문제에 대하여 올바른 실험계획으로 실험을 하고 데이터를 취하며 어떠한 통계적 방법으로 데이터를 분석하면 최소의 실험 횟수에서 최대의 정보를 얻을 수 있는가를 설계하는 것이다.

1) 실험설계의 기본원리

실험설계에서는 랜덤화, 블록화, 반복과 같은 기본원리를 활용하여 실험의 오차를 줄일 수 있다. 랜덤화는 실험의 요인, 실험의 순서 및 단위의 배치 등을 임의로

● **표 11-1** 균형 불완전 블록화의 예

균형 불완전 블록화는 각 패널요원(블록)이 시료 전체를 모두 평가하지 않고 일부만 평가하는 방법으로, 모든 블록은 시료평가 횟수가 일정해야 하며 각 시료에는 동일한 블록이 나타나야 한다.
아래 표는 균형 불완전 블록 계획을 이용하여 4종류의 쿠키에 대하여 단맛 특성을 비교한 예이다. 6명의 패널요원(블록)을 동원하여 한 사람당 한 번에 2종류의 쿠키를 평가하게 하였다. 쿠키의 단맛은 9점 척도의 평점법으로 평가되었다.

패널요원(블록)	쿠키			
	A	B	C	D
1	○	○		
2		○		○
3		○	○	
4	○			○
5	○		○	
6			○	○

설정하여 실험요인 외에 다른 요인으로 인해 실험결과에 영향이 가는 것을 최소화하기 위한 것이다. 블록화는 실험계획을 할 때 전체를 여러 블록으로 나누는 것인데 블록 내에는 동질성이, 블록 간에는 이질성이 크도록 하여 각 블록 내에서 실험요인의 효과가 있는지를 알아보는 것이다. 반복은 동일한 조건에서 같은 실험을 여러 번 수행하여 실험의 재현성을 높이고 실험의 오차를 추정하는 것이다.

2) 실험설계의 순서

(1) 실험 목적의 설정

실험 목적이 명백히 제시되지 않은 실험은 최적의 실험 방법과 분석방법이 무엇인지 찾아내기 어렵다.

(2) 반응치의 선택

실험 목적이 정해지면 그 목적에 맞는 실험의 반응치(특성)를 택하여야 한다.

(3) 인자와 인자 수준의 선택

인자(factor)를 선택할 때는 실험의 목적을 달성할 수 있다고 생각되는 범위 내에서 최소로 택해야 한다. 인자의 수준(level)과 수준 수를 택할 때는 실험자가 생각하고 있는 각 인자의 흥미 영역(region of interest)에서 수준을 잡는다. 수준 수는 보통 2~5수준이 적합하다.

(4) 실험의 배치와 시행

실험의 배치란 어떻게 인자의 수준을 조합시켜 실험할 것이며, 실험을 어떻게 시간적 혹은 공간적으로 나누어 그 내부에서 실험의 환경이 균일하도록 블록(block)을 만들지 구성을 하는 것이다. 실험을 시행할 때는 미리 정한 반응치 이외에도 실험과 관련된 중요한 데이터는 모두 취하여 두는 것이 좋다.

(5) 데이터의 분석

실험에서 얻어지는 데이터에 대하여 어떠한 통계적 방법을 사용하여 분석할 것인가를 정하여야 한다.

(6) 분석 결과의 해석과 조치

실험 결과의 해석은 주어진 조건 내에서만 결론을 지어야 한다. 또한 최적 조건의 실험 결과일 때는 반응치에 관한 확인 실험을 통하여 실제로 얻어진 최적 조건이 최적 반응치인지 확인을 하여야 한다. 실험 결과의 해석이 끝난 후에는 다음 단계의 실험을 계획하거나 작업표준을 개정하여야 한다. 통계분석은 습득한 데이터를 분석하고 이 매뉴얼에서 설명된 방법들을 사용하여 발견되는 차이점들에 대한 통계적 유의성을 검토하는 것이다. 통계적 유의성은 제품이나 조사원들 사이(between subject)에서 발견된 차이점이 제품이나 조사원 내부(within subject)에서 발견된 차이점보다 더 클 때 발생한다. 통계적으로 유의적인 차이가 반드시 중요한 차이점이나 실제적인 유의성을 가진 차이점을 의미하지는 않는다.

2. 통계분석

1) 통계 용어와 기호의 풀이

감각평가를 위한 통계 처리 시 필요한 대표적 용어와 기호를 살펴보자.

(1) 귀무가설, 영가설

비교구간과 차이가 없다는 가설로 통계적 검증의 대상이 되는 가설이다. '비교구간과 차이가 없다'는 것을 지금까지 받아들여지는 보수적인 견해로 보며, 이러한 보수적 견해가 귀무가설(null hypothesis)로 설정된다. 비교하는 값과 차이가 있다는 대립가설(alternate hypothesis)에 대응하는 가설로, H_0로 표시한다.

(2) 대립가설

뚜렷한 증거가 있을 때 주장하고자 하는 가설, 즉 비교구간과 차이가 있다는 가설로 비교하는 값과 차이가 없다는 귀무가설에 대립하는 가설이며, H_1으로 표시한다.

(3) p값(p-value)

데이터를 기초로 귀무가설이 진실이라는 사실을 지지해 주는 정도를 의미하며, p-value가 유의수준보다 크면 귀무가설을 채택하고, 유의수준보다 작으면 귀무가설을 기각한다.

표 11-2 통계적 의사결정

p-value $> \alpha = 0.05$	H_0 선택
p-value $\leq \alpha = 0.05$	H_0 기각

(4) 신뢰구간

어떤 지정된 조건의 가능성이 발견되기를 기대하는 구간을 신뢰구간(confidence interval)이라고 한다. 표현은 '95% 신뢰구간, χ는 $\chi \pm$k'로 한다. 이것은 χ가 (χ-k) 혹은 (χ-k) 사이에서 95%의 가능성으로 존재할 수 있다는 것을 의미한다. 또한, χ가 신뢰구간 밖에 존재하는 가능성이 5% 이내라는 것을 알려줌으로써 '통계적 유의성'과 관계가 있다.

(5) 자유도

자유도(degrees of freedom)는 관찰의 독립성과 관련된 어려운 개념이다. 어떤 실험에서 변수가 n개이며 n개의 결과를 기대할 때, n-1개의 결과치를 알면 나머지 한 개의 결과치를 결정할 수 있으므로 이때 자유도 n-1을 가진다고 한다. 예를 들어 변수 6개의 결과 평균이 3.5이고 5개의 결과가 2, 5, 3, 6, 3이라면 나머지 하나의 결과는 (6×3.5)-2-5-3-6-3=2라는 계산을 통하여 알아낼 수 있다. 따라서 변수가 6(혹은 n)개인 것의 실험에서 5개의 결과만 알면 다른 1개의 결과를 알 수 있으므로 이때 자유도는 5(혹은 n-1)이다.

(6) 평균(mean)

결과치들의 산술평균으로 기호 χ(모평균에서는 μ)가 사용된다.

$$공식(Formula) : \chi = \frac{\Sigma_\chi}{n}$$

여기서, Σ_χ = 결과치들의 합, n = 결과치들의 개수

(7) 중앙값(medium)

가장 낮은 수치와 가장 높은 수치의 중점을 말한다. 정확히 말하자면 수치들의 반은 중앙값보다 높고, 반은 더 낮다.

(8) 표준편차(standard deviation)

분산의 제곱근으로 기호는 SEM이다.

$$공식 : \text{Formula SEM} = \frac{S}{\sqrt{n}}$$

2) SPSS를 통한 감각평가의 통계분석

(1) 데이터 입력 방법

SPSS 프로그램 내에서 새로운 데이터 파일을 입력하여 작업을 수행할 수도 있고, 엑셀 파일이나 텍스트 파일로 저장된 기존의 파일을 가져와서 작업을 수행할 수도 있다. 본 장에서는 엑셀로 코딩한 파일을 불러오는 방법을 설명하고자 한다.

❶ 메뉴 바의 [파일(F)] 메뉴를 클릭하면 [데이터 가져오기(D)]가 있다. 여기에서

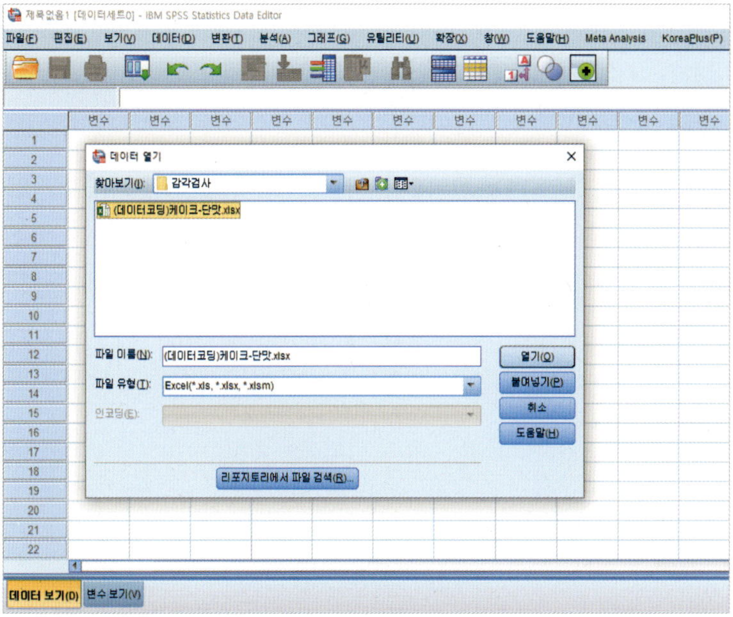

● **그림 11-1** 데이터 열기 대화상자

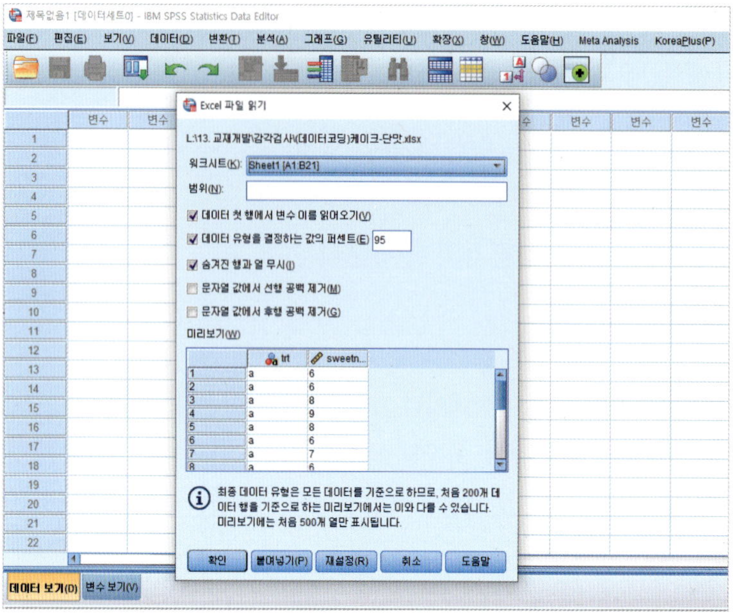

● **그림 11-2** 엑셀 파일 읽기 대화상자

[Excel(*.xls, *.xlsx, *xlsm)]을 선택하면 분석하고자 하는 파일을 확인할 수 있다 그림 11-1.

❷ 분석하고자 하는 데이터를 선택한다. 그러면 그림 11-2 와 같은 엑셀 파일 읽기 대화상자가 나타난다.

❸ 그림 11-2 에서 [확인]을 클릭하면 그림 11-3 과 같이 Data Editor에 엑셀 파일의 데이터가 나타난다.

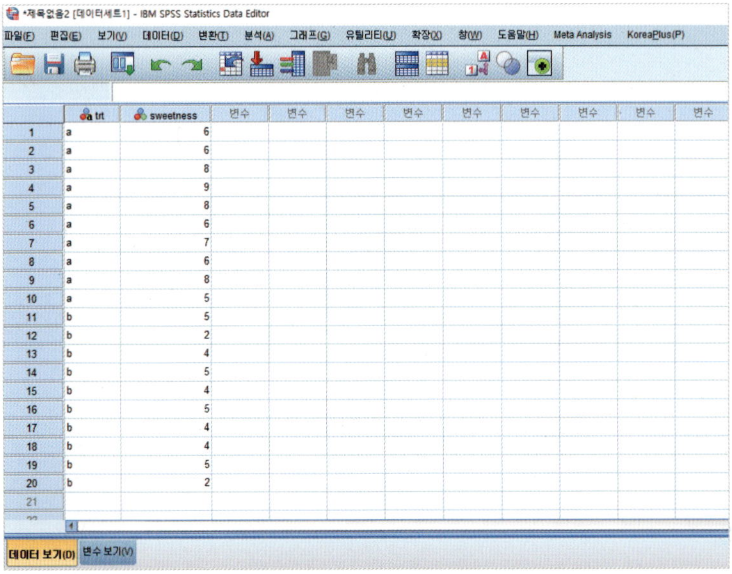

● **그림 11-3** Data Editor에 나타난 엑셀 파일 자료

(2) 독립표본 t검정

두 개의 독립 모집단 평균차이 검증에는 두 모집단이 정규분포를 이루고 분산이 같다는 가정하에 독립표본 t검정을 사용한다. 다음은 일반 케이크와 검정콩가루를 첨가한 케이크의 단맛 강도에 대한 평균검증 절차이다.

연구가설

두 가지 케이크의 단맛에는 차이가 있을 것이다.
가설 검증에 의한 귀무가설과 대립가설은 아래와 같이 설정된다.

- 귀무가설 H_0 : $\mu_1 = \mu_2$
- 대립가설 H_1 : $\mu_1 \neq \mu_2$

❶ 독립표본 t검정의 데이터 입력 형태는 **그림 11-3** 과 같다.

❷ SPSS 프로그램 하단의 [변수보기]를 클릭한 후 실험군(trt)의 [값]을 클릭하면

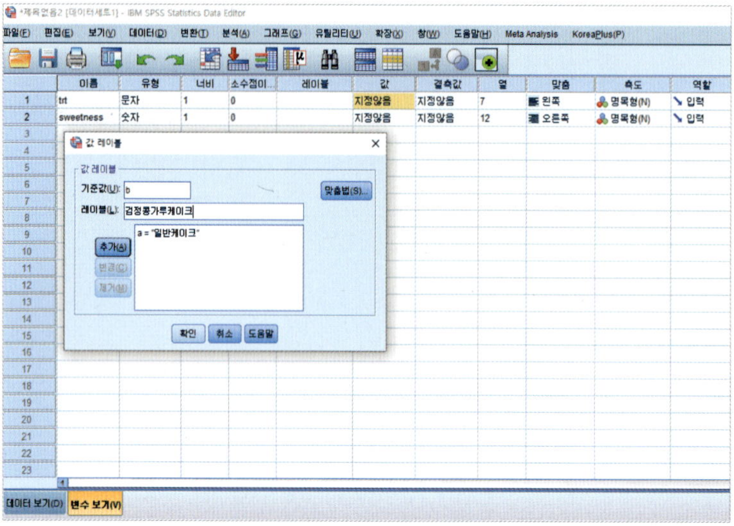

● **그림 11-4** 실험군의 값 레이블 지정

값 레이블 대화상자가 나타난다. **그림 11-4** 에서처럼 [기준값(U)]에 a에 해당하는 시료명을 [레이블(L)]에 작성하고 [추가(A)]를 클릭하면 실험군 a가 의미하는 내용이 저장된다. a 작성이 끝나면 b도 같은 과정으로 작성하고 모든 작성이 끝나면 마지막에 [확인]을 클릭한다. 이 과정을 거치면 데이터 분석 후 결과 보기가 용이해진다.

❸ SPSS 하단의 [데이터 보기(D)]로 돌아와서 **그림 11-5** 에서와 같이 [분석(A)] → [평균비교(M)] → [독립표본 T검정(T)]을 클릭하면 독립표본 T검정 대화상자가 나타난다.

❹ 대화상자 왼쪽에 있는 분석할 변수(sweetness)를 선정한 후 상단의 화살표를 클릭하여 오른쪽의 [검정 변수(T)]로 보낸다. 대화상자의 왼쪽에 있는 집단변수(trt)를 선정하여 하단의 화살표를 클릭하여 [집단변수(G)]로 보낸다 **그림 11-6**.

❺ [집단 정의(D)]를 클릭하면 집단 정의 대화상자가 나타난다. **그림 11-7** 과 같이 집단 1에는 a, 집단 2에는 b를 입력한 후 [계속]을 클릭하고 이어서 [확인]을 클릭하면 **그림 11-8** 과 같은 결과가 얻어진다.

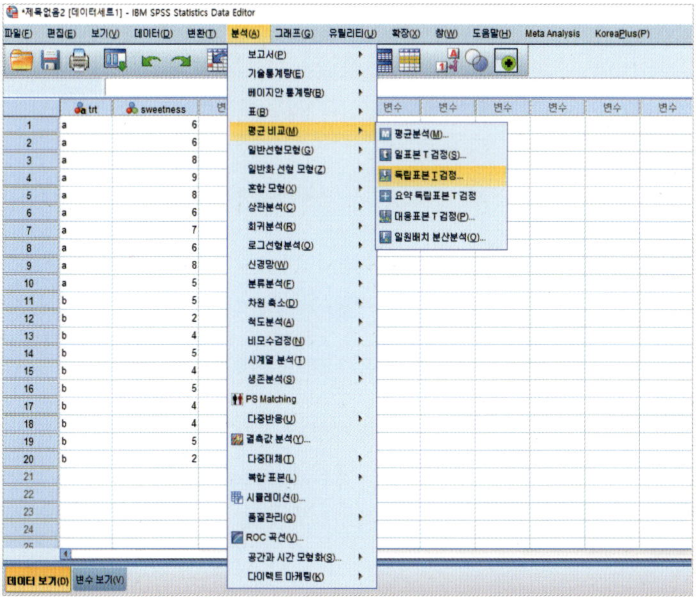

● **그림 11-5** 두 개의 독립 모집단 평균 검증 절차

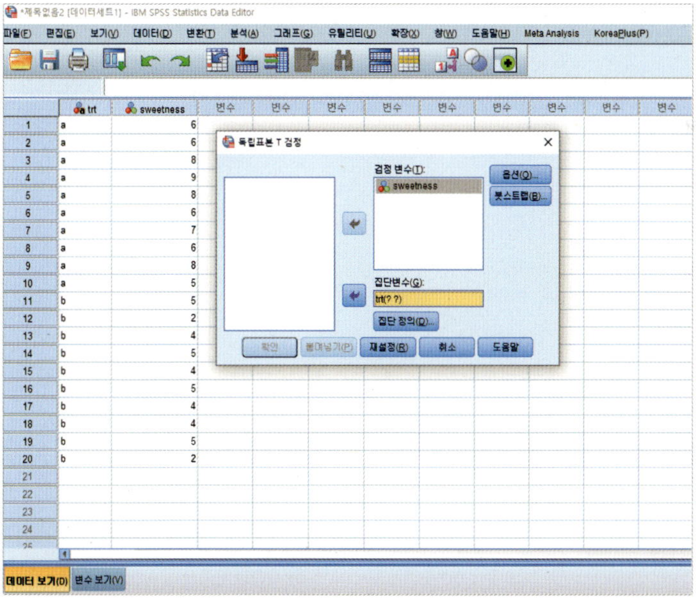

● **그림 11-6** 검정변수 및 집단변수 지정

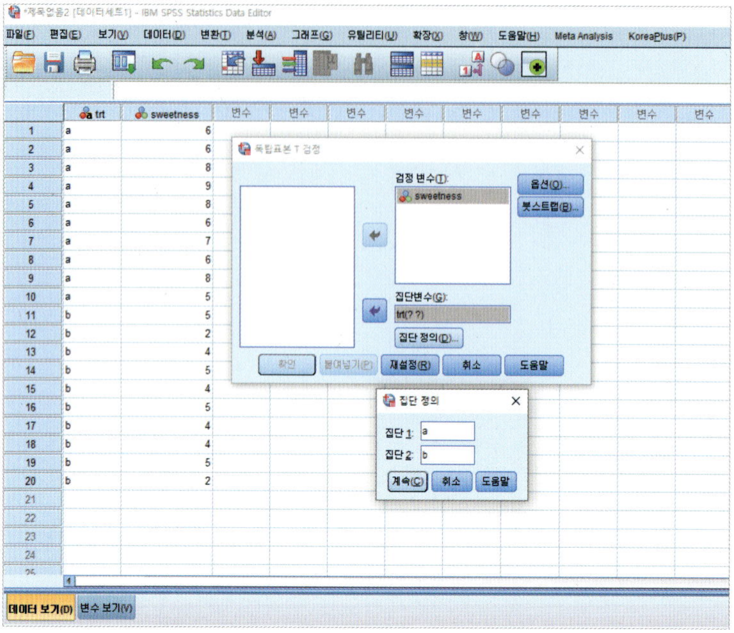

● **그림 11-7** 집단 정의 지정

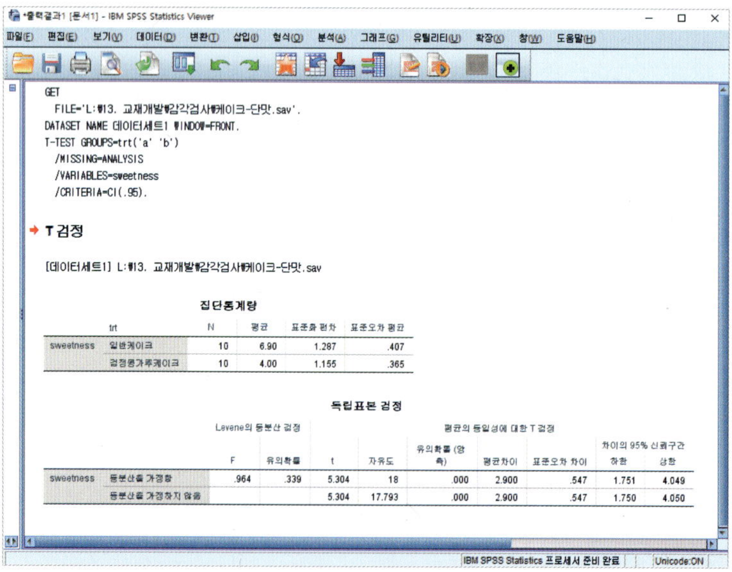

● **그림 11-8** 독립표본 t검정 출력결과

레벤(Levene)의 등분산 검정 결과 두 모집단의 분산이 같다는 가정하에 유의확률은 0.339이므로 α=0.05에서 귀무가설을 기각하지 못한다. 따라서 등분산 가정을 충족시키므로 독립표본 검정 윗줄의 t를 이용하여 검증한다. 등분산을 가정하였을 때, t값이 5.304이고 유의확률은 0.000으로 나타나 α=0.05에서 귀무가설을 기각한다. 따라서 일반 케이크와 검정콩가루 케이크의 단맛은 유의적인 차이가 있는 것으로 나타났다.

(3) 대응표본 t검정

표본의 값들이 짝(pair)을 이루어 짝을 이룬 값을 비교하는 경우가 있으며, 이때의 모집단은 둘이 아닌 한 개가 된다. 감각평가에서는 각 패널요원이 두 시료를 동시에 평가하는 경우가 있으며, 이때 대응표본 t검정(paired t-test)을 실시한다. 다음은 A제품과 B제품의 전반적인 기호도 값들의 차이를 검증하는 절차이다.

연구가설

제품에 따라 전반적인 기호도는 다를 것이다. 가설 검증에 의한 귀무가설과 대립가설은 아래와 같이 설정된다. D_0는 귀무가설로 설정된 차이를 의미한다.

- 귀무가설 $H_0 : D_0=0$
- 대립가설 $H_1 : D_0 \neq 0$

❶ 대응표본 t검정의 데이터 입력 형태는 **그림 11-9**와 같다.

❷ **그림 11-10**에서와 같이 [분석(A)] → [평균비교(M)] → [대응표본 T검정(P)]을 클릭하면 대응표본 T검정 대화상자가 나타난다.

❸ **그림 11-11**과 같이 변수상자에서 차이 검증을 하고자 하는 두 개의 변수를 하나씩 선택하여 오른쪽 [대응변수(V)] 상자로 보내고, [옵션(O)]을 클릭하여 [신뢰구간(C)]과 결측값 처리 방법을 결정한 후 [계속]과 [확인]을 클릭한다. 이에 따른 결과는 **그림 11-12**와 같다.

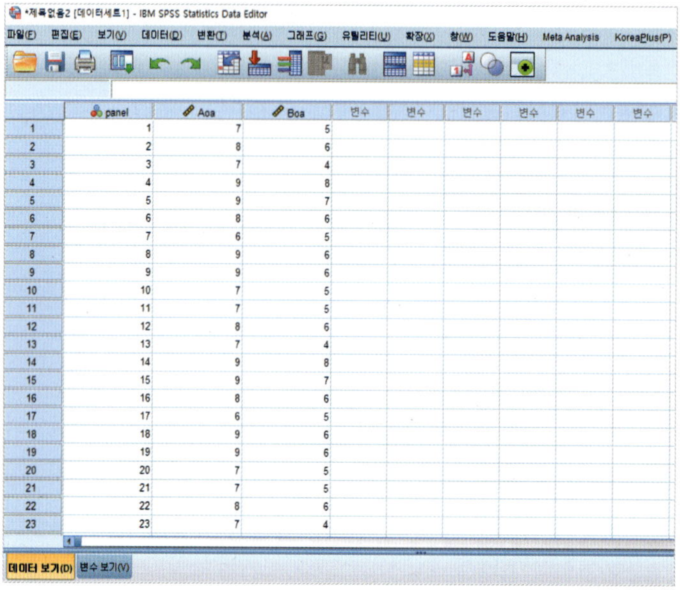

● **그림 11-9** 데이터 입력 형태

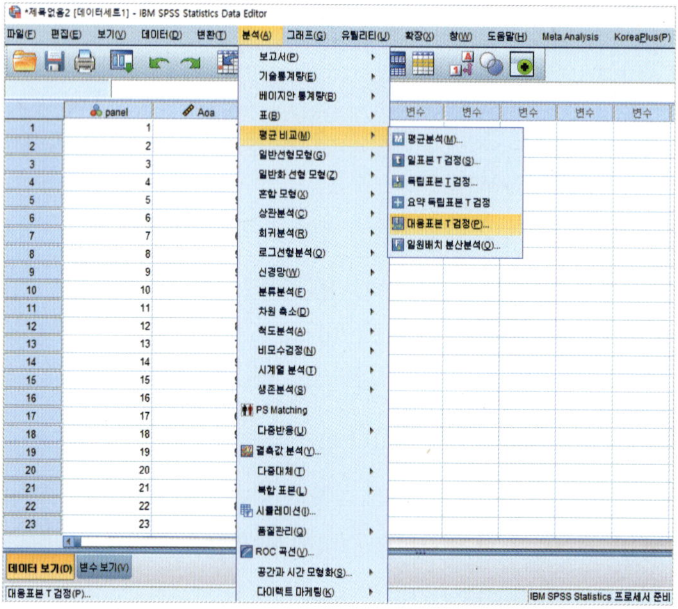

● **그림 11-10** 데분석 절차

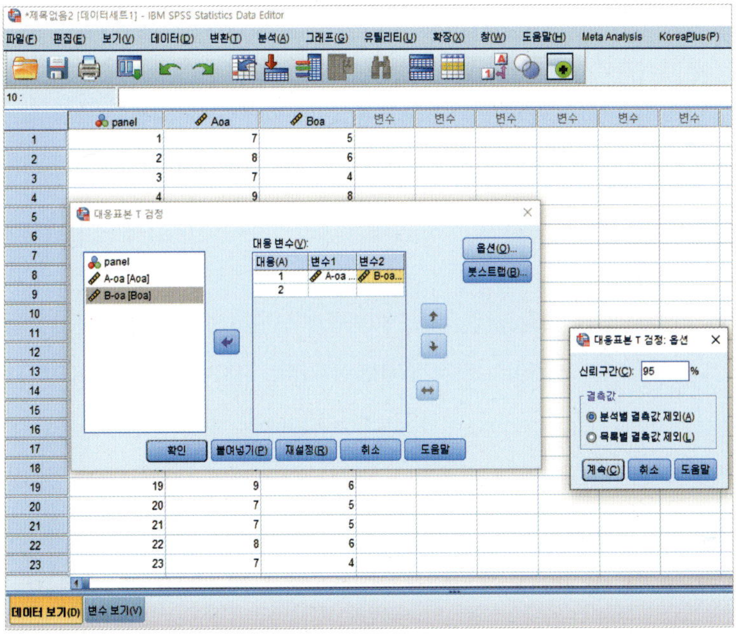

● **그림 11-11** 대응 변수 및 옵션 선정

➡ T 검정

[데이터세트 1]

대응표본 통계량

		평균	N	표준화 편차	표준오차평균
대응 1	A-oa	7.90	50	1.055	.149
	B-oa	5.80	50	1.088	.154

대응표본 상관계수

		N	상관관계	유의확률
대응 1	A-oa & B-oa	50	.783	.000

대응표본 검정

		대응차					t	자유도	유의확률(양측)
					차이의 95% 신뢰구간				
		평균	표준화 편차	표준오차평균	하한	상한			
대응 1	A-oa-B-oa	2.100	.707	.100	1.899	2.301	21.000	49	.000

● **그림 11-12** 대응표본 t검정 출력결과

그림 11-12 에서처럼 t-value는 21.000, p-value는 0.000으로 나타나 α=0.05에서 귀무가설을 기각한다. 즉, 제품 A와 제품 B에 대한 전반적인 기호도는 차이가 있는 것으로 나타났다. 제품 A는 평균 7.90으로 제품 B보다 전반적인 기호도가 유의적으로 높은 결과를 보였다.

(4) 일원분산분석

분산분석(ANOVA, Analysis of Variance)은 두 개 이상의 집단들의 평균값을 비교하는 데 사용하는 통계기법이다. 검증 통계량은 F이며, 처치변수가 하나인 분산분석을 일원분산분석(one-way ANOVA)이라 한다. 독립변수는 명목척도로 측정되고, 종속변수는 간격 또는 비율척도로 측정된다. 각 모집단은 정규분포를 이루고, 분산이 동일하다는 가정이 필요하며, 분산의 동일성 검증을 위해서 레벤검정(Levene's test)이 사용된다. 다시료 특성 평가 시 반복이 요구되지 않는 기호도 검사나 반복 실험이 불가능한 감각평가에서 사용할 수 있다. 다음은 단호박 페이스트의 첨가 비율에 따른 식혜의 전반적인 기호도에 차이가 있는지 알아보기 위한 일원배치 분산분석 과정을 나타낸 예시이다.

연구가설

단호박 페이스트 첨가 비율이 다른 다섯 가지 식혜의 전반적인 기호도는 다를 것이다. 가설 검증에 의한 귀무가설과 대립가설은 아래와 같이 설정된다.

- 귀무가설(H_0) : 단호박 페이스트 첨가 비율이 다른 다섯 가지 식혜의 전반적인 기호도는 같다($\mu_1=\mu_2=\mu_3=\mu_4=\mu_5$).
- 대립가설(H_1) : 단호박 페이스트 첨가 비율이 다른 다섯 가지 식혜의 전반적인 기호도가 모두 같지는 않다.

❶ 일원분산분석의 데이터 입력 형태는 그림 11-13 과 같다.

❷ 앞서 설명한 그림 11-4 와 관련된 내용에서처럼 SPSS 프로그램 하단의 [변수보기]를 클릭한 후 실험군(trt)의 [값]을 클릭하면 값 레이블 대화상자가 나타난다. 그림 11-14 와 같이 [기준값(U)]에 0, 2, 4, 6, 8이 의미하는 바를 각각의 [레이

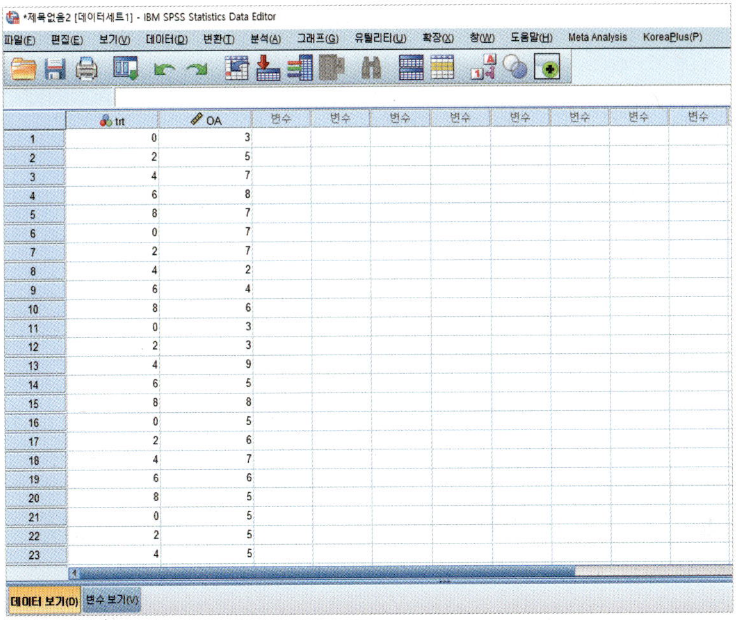

● **그림 11-13** 일원분산분석의 데이터 입력형태

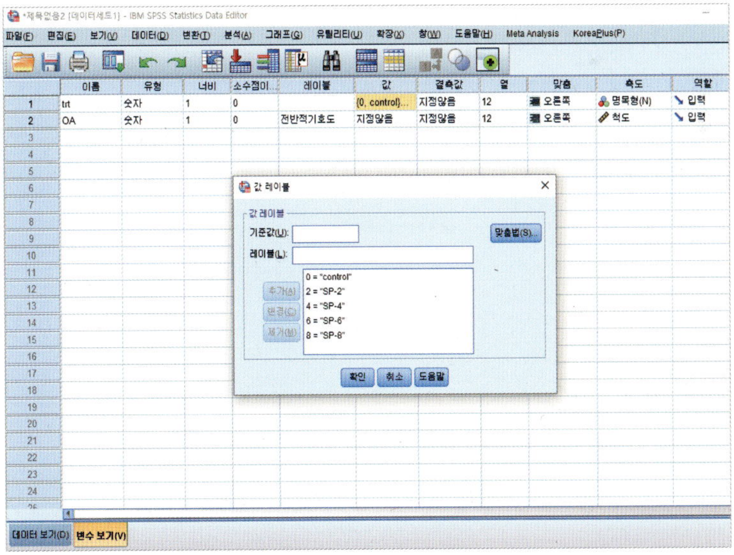

● **그림 11-14** 실험군의 값 레이블 지정

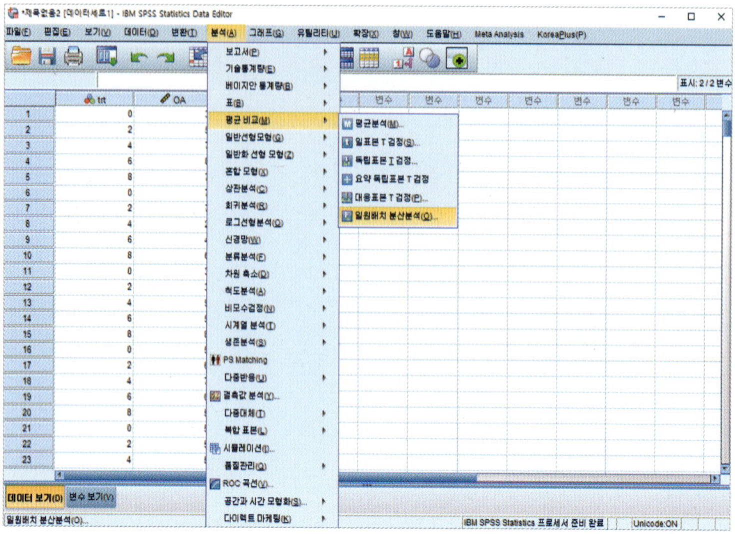

● 그림 11-15 일원배치 분산분석 절차

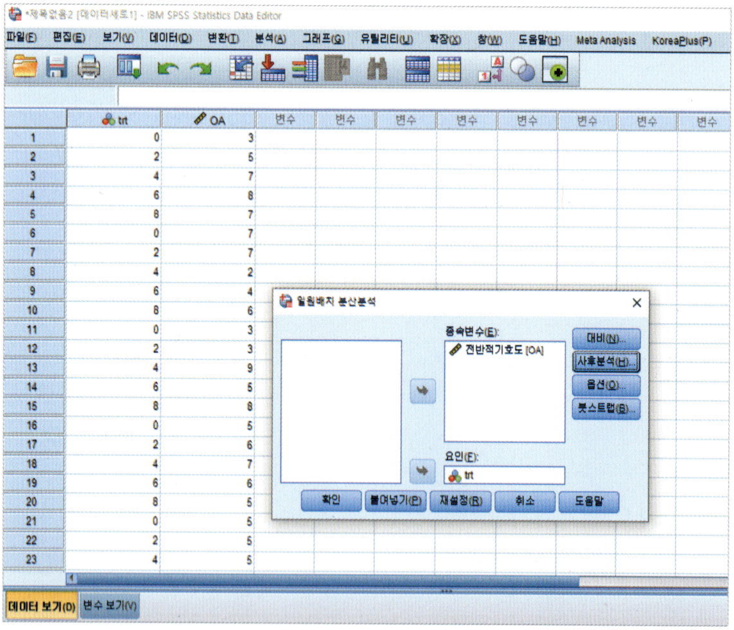

● 그림 11-16 분석대상 변수선정

블(L)]에 control, SP-2, SP-4, SP-6, SP-8로 작성하였다. 또한 OA의 의미를 [레이블]에 '전반적기호도'라고 작성하였다.

③ SPSS 하단의 [데이터 보기(D)]로 돌아와서 **그림 11-15**에서와 같이 [분석(A)] → [평균비교(M)] → [일원배치 분산분석(O)...]을 클릭하면 일원배치 분산분석 대화상자가 나타난다.

④ 대화상자 왼쪽에 있는 '전반적기호도[OA]'를 선택한 후 상단의 화살표를 클릭하여 오른쪽의 [종속변수(E)]로 보낸다. 대화상자의 왼쪽에 있는 'trt'를 선정하여 하단의 화살표를 클릭하여 [요인(F)]로 보낸다 **그림 11-16**.

⑤ [사후분석(H)]를 클릭하면 사후분석 다중비교 대화상자가 나타난다. 사후분석 다중비교 방법으로 Duncan을 설정, 유의수준은 0.05로 한 후 [계속(C)]을 클릭한다 **그림 11-17**.

⑥ [옵션(O)...]을 클릭하면 대화상자가 활성화된다. **그림 11-18**에서처럼 [기술통계(D)], [분산 동질성 검정(H)]을 선택한 후 [계속(C)]을 클릭하고, 이어서 [확

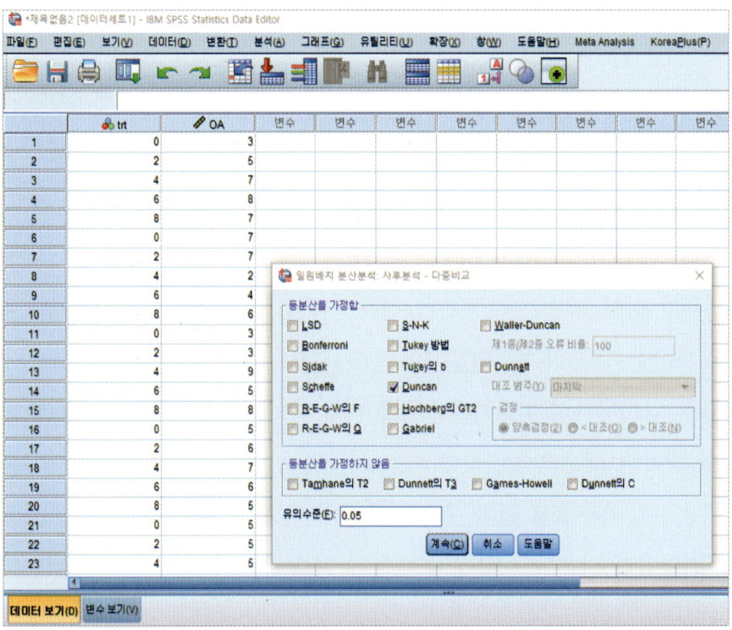

● **그림 11-17** 사후분석 다중비교 방법 선택

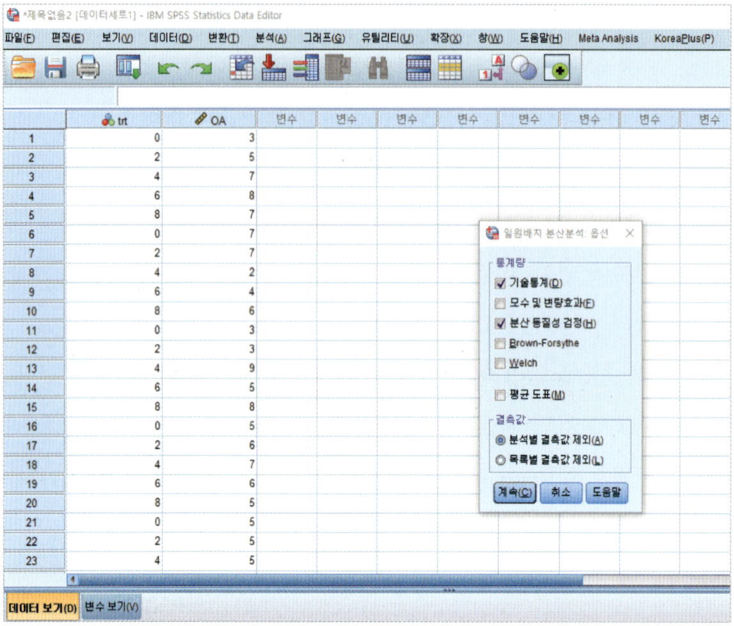

● **그림 11-18** 옵션 대화상자에서의 통계량 선택

인]을 클릭하면 그림 11-19, 그림 11-20과 같은 결과가 얻어진다.

그림 11-19의 레벤의 등분산 검정 결과 각 모집단의 분산이 같다는 가정하에 유의확률은 0.205이므로 α=0.05에서 귀무가설을 기각하지 못한다. 따라서 등분산 가정에 문제가 없다. 기술통계 분석을 실시하면 각 실험군에 대한 평균값, 표준편차 등을 확인할 수 있다. 그림 11-20의 분산분석(ANOVA) 표에서 F=2.686, p-value는 0.031로 나타났으며 귀무가설은 α=0.05에서 기각된다. 따라서 단호박 페이스트(SP)를 첨가한 식혜의 전반적인 기호도는 적어도 두 실험군 간의 차이가 있다고 할 수 있다. 사후검정 결과 두 그룹으로 분류가 되며 SP-2, SP-4, SP-6 실험군들의 전반적인 기호도는 SP-8 실험군에 비해 유의적으로 높은 결과를 보였다 ($p<0.05$).

➡ 일원배치 분산분석

기술통계

전반적기호도

	N	평균	표준화 편차	표준화 오류	평균에 대한 95% 신뢰구간 하한	상한	최소값	최대값
control	88	5.09	1.916	.204	4.69	5.50	1	9
SP-2	88	5.59	1.686	.180	5.23	5.95	1	9
SP-4	88	5.57	1.530	.163	5.24	5.89	2	9
SP-6	88	4.92	1.757	.187	4.55	5.29	1	8
SP-8	88	5.51	1.930	.206	5.10	5.92	1	9
전체	440	5.34	1.783	.085	5.17	5.50	1	9

분산의 동질성 검정

		Levene 통계량	자유도1	자유도2	유의확률
전반적기호도	평균을 기준으로 합니다.	1.486	4	435	.205
	중위수를 기준으로 합니다.	1.421	4	435	.226
	자유도를 수정한 상태에서 중위수를 기준으로 합니다.	1.421	4	423.611	.226
	절삭평균을 기준으로 합니다.	1.495	4	435	.203

● **그림 11-19** 일원배치 분산분석 결과(1)

ANOVA

전반적기호도

	제곱합	자유도	평균제곱	F	유의확률
집단-간	33.650	4	8.412	2.686	.031
집단-내	1362.568	435	3.132		
전체	1396.218	439			

동질적 부분집합

전반적 기호도

Duncan[a]

trt	N	유의수준 = 0.05에 대한 부분집합 1	2
SP-8	88	4.92	
Control	88	5.09	5.09
SP-6	88		5.51
SP-4	88		5.57
SP-2	88		5.59
유의확률		.523	.088

등질적 부분집합에 있는 집단에 대한 평균이 표시됩니다.
a. 조화평균 표본크기 88.000을(를) 사용합니다.

● **그림 11-20** 일원배치 분산분석 결과(2)

(5) 다변량분산분석

다변량분산분석(MANOVA, Multivariate Analysis of Variance)은 종속변수가 두 개 이상인 경우 집단평균들의 벡터를 비교하는데 사용된다. 하나의 특성만을 평가한다면 일변량의 데이터 형태를 갖지만, 기호도 평가나 묘사분석은 다수의 특성들을 평가하기 때문에 그 결과는 다변량의 형태를 갖는다. 이 경우 ANOVA를 여러 번 사용하여 분석하게 되면 제1종 오류의 확률이 높아진다. MANOVA를 사용하게 되면 종속변수들의 상관관계를 고려한 독립변수의 효과를 검증할 수 있다. MANOVA는 관측치가 서로 독립적이어야 하고, 각 집단의 분산-공분산 행렬이 동일하며 모든 종속변수들은 다변량 정규분포를 따른다는 가정이 필요하다.

다음은 캡사이신 함량이 다른 고추장으로 제조한 오이생채의 감각특성(매운내, 매운맛, 단맛, 아린 정도)에 차이가 있는지 알아보기 위한 다변량분산분석 과정을 나타낸 예시이다.

❶ 다변량분산분석의 데이터 입력 형태는 그림 11-21과 같다.

❷ 앞서 설명한 내용에서처럼 SPSS 프로그램 하단의 [변수보기]를 클릭한 후 실험군(trt)의 [값]을 클릭하면 값 레이블 대화상자가 나타난다. 그림 11-22와 같이 [기준값(U)]에 10, 40, 85, 150, 200이 의미하는 바를 각각의 [레이블(L)]에 cp-10, cp-40, cp-85, cp-150, cp-200로 작성하였다. 또한 각 특성의 의미를 [레이블]에 작성하였다.

❸ SPSS 하단의 [데이터 보기(D)]로 돌아와서 그림 11-23과 같이 [분석(A)] → [일반선형모형(G)] → [다변량(M)...]을 클릭하면 다변량 분석 대화상자가 나타난다.

❹ 대화상자 왼쪽에 있는 매운내, 매운맛, 단맛, 아린 정도를 선택한 후 상단의 화살표를 클릭하여 오른쪽의 [종속변수(D)]로 보낸다. 대화상자의 왼쪽에 있는 'trt'를 선정하고 하단의 화살표를 클릭하여 [고정요인(F)]으로 보낸다 그림 11-24.

❺ [모형(M)...]을 클릭하면 모형 대화상자가 나타난다. 본 예시에서는 그림 11-25의 그림에서 제시된 바와 같이 기본설정된 분석방법을 적용하고자 한다. [계속(C)]을 클릭한다.

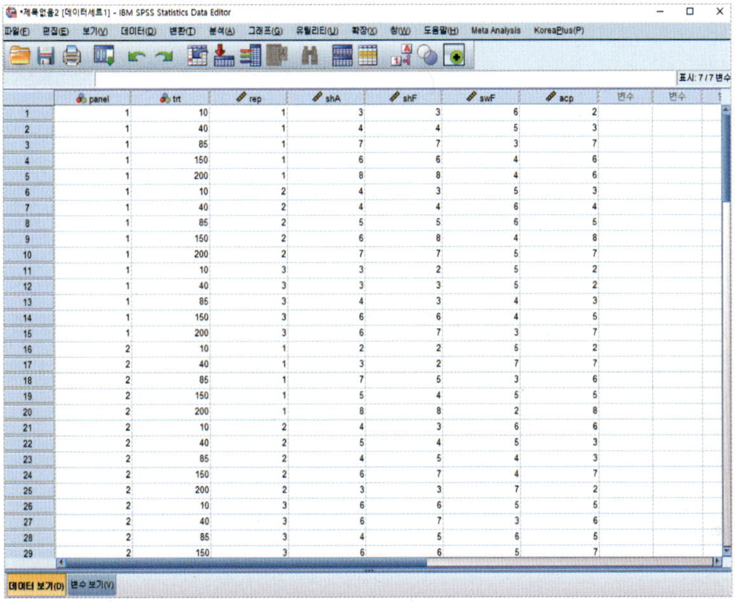

● **그림 11-21** 다변량분산분석의 입력형태

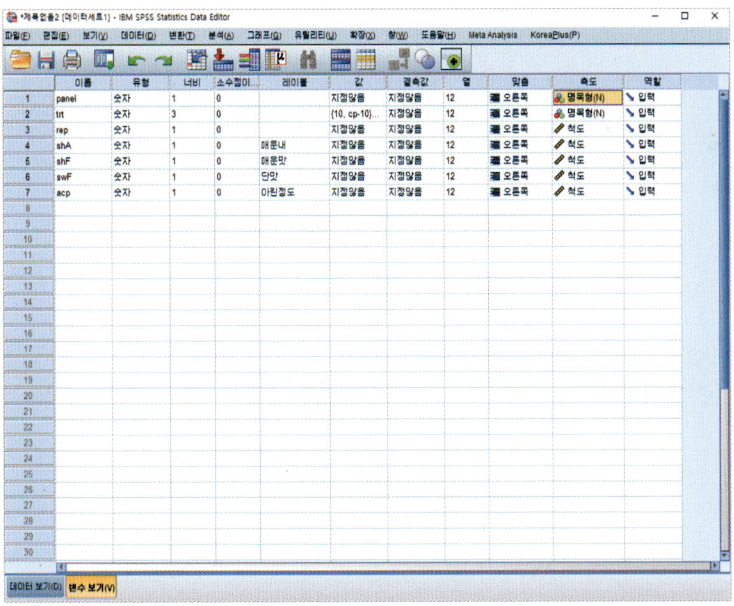

● **그림 11-22** 실험군의 값 레이블 지정

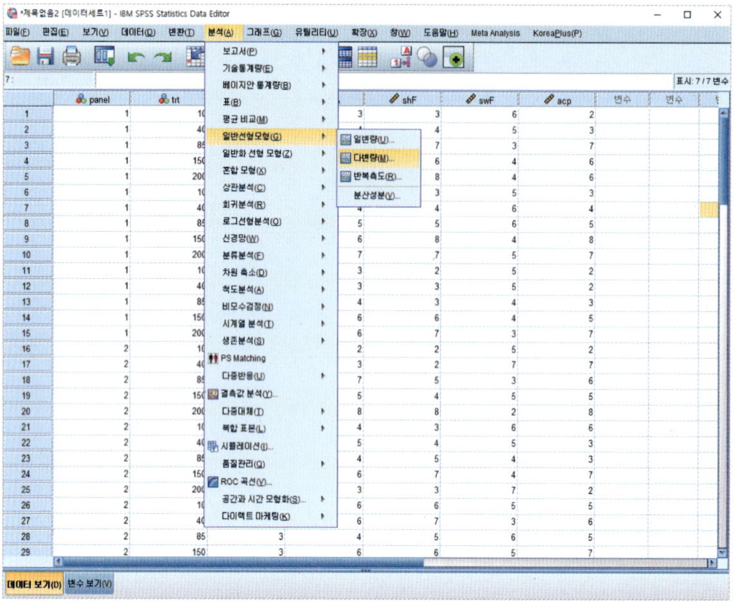

● **그림 11-23** 다변량분산분석 절차

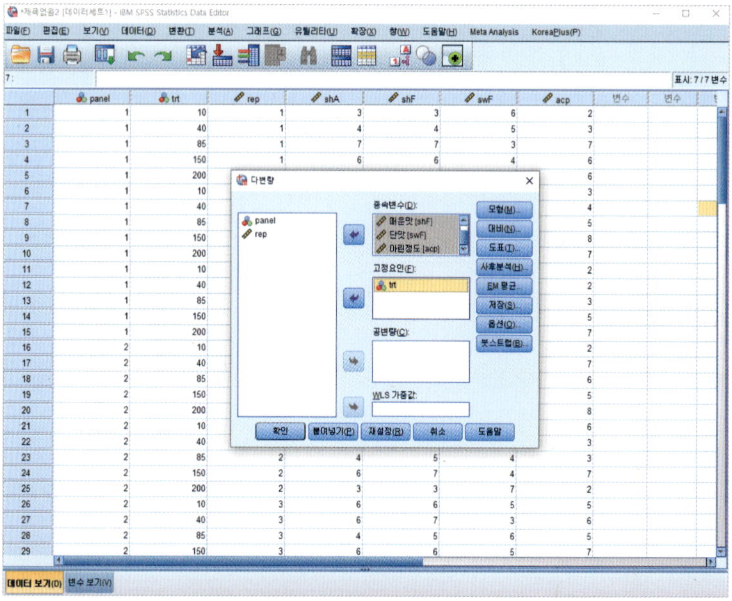

● **그림 11-24** 분석 대상 변수 선정

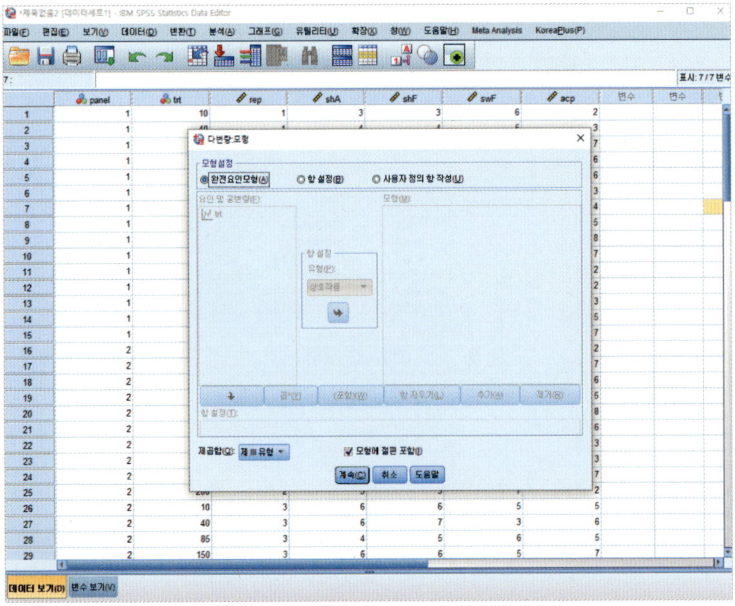

● **그림 11-25** 모형 대화상자

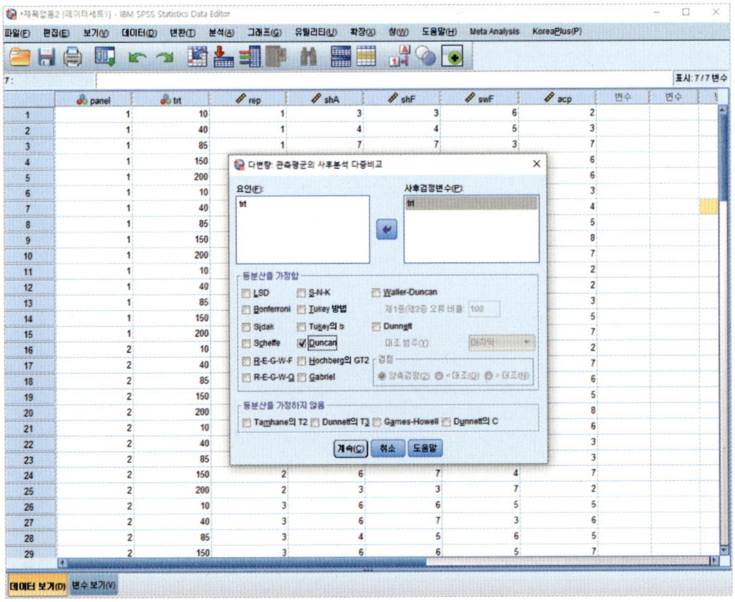

● **그림 11-26** 사후분석 다중비교 대화상자

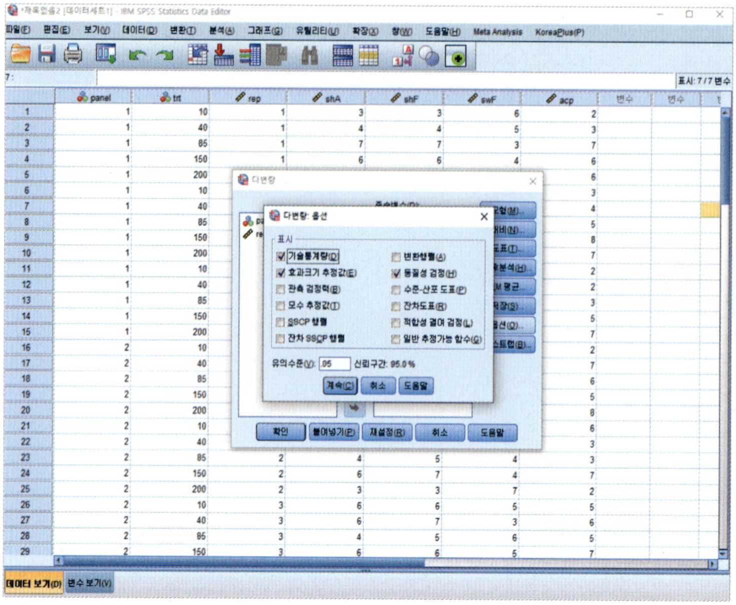

● **그림 11-27** 옵션 대화상자

❻ [사후분석(H)]를 클릭하면 사후분석 다중비교 대화상자가 나타난다 **그림 11-26**. [요인(F)]에 있는 trt를 [사후검정변수(P)]로 보내고 사후분석 방법으로는 Duncan을 선택한 후 [계속(C)]을 클릭한다.

❼ [옵션(O)]을 클릭하고 옵션 대화상자에서 [기술통계량(D)], [효과크기 추정값(E)], [동질성검정(H)]을 클릭하고 이어서 [계속(C)]을 클릭한 후 [확인]을 클릭한다 **그림 11-27**.

공분산 행렬에 대한 Box의 동일성 검정[a]

Box의 M	35.729
F	.815
자유도1	40
자유도2	22058.824
유의확률	.791

● **그림 11-28** 분산의 동일성 검정

다변량 검정[a]

효과		값	F	가설 자유도	오차 자유도	유의확률	부분 에타 제곱
절편	Pillai의 트레이스	.988	2017.214[b]	4.000	97.000	.000	.988
	Wilks의 람다	.012	2017.214[b]	4.000	97.000	.000	.988
	Hotelling의 트레이스	83.184	2017.214[b]	4.000	97.000	.000	.988
	Roy의 최대근	83.184	2017.214[b]	4.000	97.000	.000	.988
trt	Pillai의 트레이스	.645	4.806	16.000	400.000	.000	.161
	Wilks의 람다	.395	6.585	16.000	296.978	.000	.207
	Hotelling의 트레이스	1.428	8.521	16.000	382.000	.000	.263
	Roy의 최대근	1.355	33.869[c]	4.000	100.000	.000	.575

a. Design: 절편 + trt
b. 정확한 통계량
c. 해당 유의수준에서 하한값을 발생하는 통계량은 F에서 상한값입니다.

그림 11-29 다변량 검정

그림 11-28 은 집단의 공분산 행렬이 동일하다는 가정에 대한 Box의 M 검정 결과이다. p-value=0.791로 귀무가설인 "공분산 행렬이 동일하다"를 기각하지 않으므로 가정에 문제가 없는 것으로 나타났다.

다변량 검정 결과는 그림 11-29 와 같다. 본 분석의 귀무가설은 "처치집단 간 평균값들의 벡터(vectors)가 동일하다"였으며, 네 가지 통계량으로 검증하였을 때 모두 기각되었다. 어떠한 통계량을 이용하여도 모두 유의적인 것으로 결론을 내릴 수 있다.

그림 11-30 은 네 가지 감각특성을 각각 분석한 결과로 각 특성이 집단 간 차이가 있는지의 결과는 다음과 같이 설명된다. 매운내는 다섯 집단이 모두 동일하다고 할 수 없다($F=17.686$, $p<0.001$; 부분 $\eta^2=0.414$). 매운맛은 다섯 집단이 모두 동일하다고 할 수 없다($F=32.728$, $p<0.001$; 부분 $\eta^2=0.567$). 단맛은 다섯 집단이 모두 동일하다고 할 수 없다($F=7.517$, $p<0.001$; 부분 $\eta^2=0.231$). 아린 정도는 다섯 집단이 모두 동일하다고 할 수 없다($F=26.157$, $p<0.001$; 부분 $\eta^2=0.511$). 캡사이신의 함량이 다른 고추장으로 제조한 오이생채는 매운내, 매운맛, 단맛, 아린 정도에서 모두 차이가 있다고 할 수 있다.

동일집단군 분석에서는 각 부분집단별로 유의적인 차이가 없다면 동일 집단군으로 분류된다 그림 11-31 . 매운내를 예를 들어 설명하면 cp-10, cp-40, cp-85 실

소스	종속변수	제 III 유형 제곱합	자유도	평균 제곱	F	유의확률	부분 에타 제곱
수정된 모형	매운내	132.190[a]	4	33.048	17.686	.000	.414
	매운맛	224.419[b]	4	56.105	32.728	.000	.567
	단맛	42.895[c]	4	10.724	7.517	.000	.231
	아린정도	235.467[d]	4	58.867	26.157	.000	.511
절편	매운내	2380.952	1	2380.952	1274.210	.000	.927
	매운맛	2585.152	1	2585.152	1508.006	.000	.938
	단맛	2467.438	1	2467.438	1729.513	.000	.945
	아린정도	2390.486	1	2390.486	1062.213	.000	.914
trt	매운내	132.190	4	33.048	17.686	.000	.414
	매운맛	224.419	4	56.105	32.728	.000	.567
	단맛	42.895	4	10.724	7.517	.000	.231
	아린정도	235.467	4	58.867	26.157	.000	.511
오차	매운내	186.857	100	1.869			
	매운맛	171.429	100	1.714			
	단맛	142.667	100	1.427			
	아린정도	225.048	100	2.250			
전체	매운내	2700.000	105				
	매운맛	2981.000	105				
	단맛	2653.000	105				
	아린정도	2851.000	105				
수정된 합계	매운내	319.048	104				
	매운맛	395.848	104				
	단맛	185.562	104				
	아린정도	460.514	104				

a. R 제곱 = .414 (수정된 R 제곱 = .391)
b. R 제곱 = .567 (수정된 R 제곱 = .550)
c. R 제곱 = .231 (수정된 R 제곱 = .200)
d. R 제곱 = .511 (수정된 R 제곱 = .492)

그림 11-30 개체-간 효과 검증

험군들의 각각의 평균값은 3.52, 3.81, 4.29이고, 그 차이의 유의성은 0.091이다. 이 실험군들간에는 유의적인 차이를 보이지 않으므로 동일집단군에 속한다. cp-150과 cp-200 실험군의 각각의 평균값은 5.90과 6.29이며 그 차이의 유의성은 0.369로 유의적인 차이를 보이지 않으며 동일 집단군에 속한다.

매운내

Duncan[a, b]

trt	N	부분집합	
		1	2
cp-10	21	3.52	
cp-40	21	3.81	
cp-85	21	4.29	
cp-150	21		5.90
cp-200	21		6.29
유의확률		.091	.369

매운맛

Duncan[a, b]

trt	N	부분집합		
		1	2	3
cp-10	21	3.10		
cp-40	21	3.71		
cp-85	21		4.76	
cp-150	21			6.38
cp-200	21			6.86
유의확률		.129	1.000	.241

단맛

Duncan[a, b]

trt	N	부분집합			
		1	2	3	4
cp-150	21	4.05			
cp-200	21	4.24	4.24		
cp-85	21		4.90	4.90	
cp-40	21			5.29	5.29
cp-10	21				5.76
유의확률		.606	.074	.304	.199

아린정도

Duncan[a, b]

trt	N	부분집합		
		1	2	3
cp-10	21	2.90		
cp-40	21	3.43		
cp-85	21		4.57	
cp-150	21			6.29
cp-200	21			6.67
유의확률		.261	1.000	.413

● **그림 11-31** 동일집단군 분류표

(6) 주성분 분석

주성분 분석(PCA, Principal Component Analysis)은 복잡한 실험 데이터를 구조적으로 단순화시키는 데 유용한 분석이며, 요인분석의 한 종류이다. N개의 관측치와 P개의 변수로 구성된 자료를 P보다 작은 개수의 변수로 차원 축소(dimension reduction)하여 설명하고자 하는 것이다. 주성분은 원 변수의 선형결합이다. 제1주성분은 원 자료의 변량을 최대로 설명하는 선형결합이고, 제2주성분은 제1주성분으로 설명하지 않은 변량을 최대로 설명하는 선형결합이다. 주성분의 공간은 원래 변인들의 공간에 있어서 직교 방향을 나타내며, 주성분 점수들은 서로 비상관관계이다. 주성분 분석의 관찰개체 수는 6개 이상일 때 의미가 있다.

❶ 주성분 분석의 데이터 입력 형태는 **그림 11-32**와 같다.

❷ **그림 11-33**에서처럼 프로그램 메뉴에서 [분석(A)] → [차원 축소(D)] → [요인분석(F)]을 클릭하면 요인분석 대화상자가 나타난다.

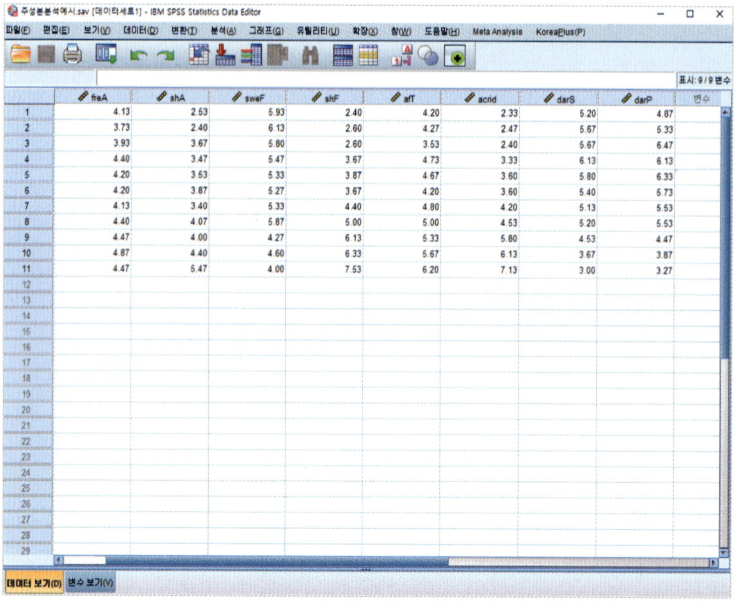

● **그림 11-32** 데이터 입력 형태

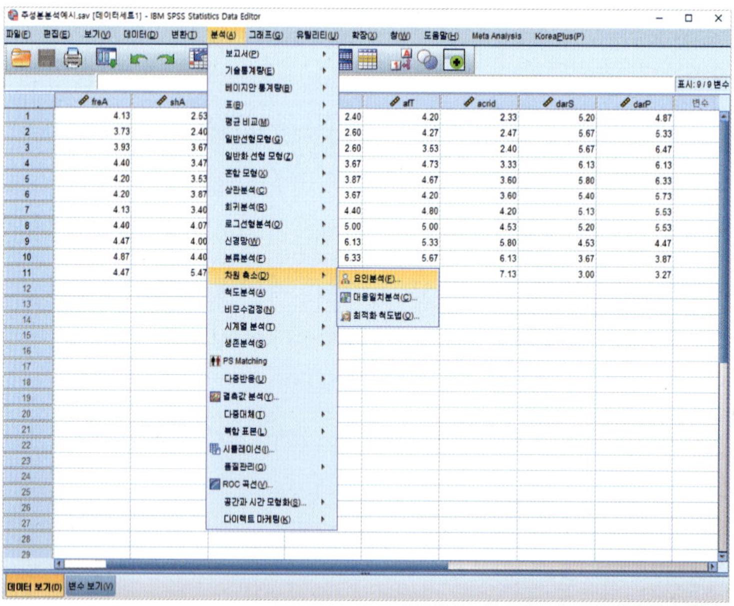

● **그림 11-33** 주성분 분석 절차

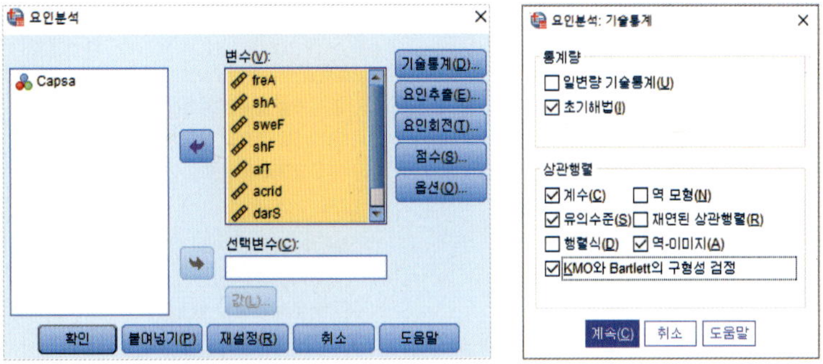

● **그림 11-34** 요인분석 대화상자

❸ 분석하고자 하는 변수들을 선택한 후, 오른쪽 화살표 버튼을 클릭하여 [변수(V)] 칸으로 옮긴다. 그 후 [기술통계(D)] 버튼을 클릭하여 창이 뜨면 상관행렬 칸에서 [계수(C)], [유의수준(S)], [역-이미지(A)], [KMO와 Bartlett의 구형성 검정]을 클릭하여 체크하고 [계속(C)] 버튼을 클릭한다 **그림 11-34**.

❹ [요인추출(E)] 버튼을 눌러 창이 뜨면 표시 칸에서 [스크리 도표(S)]를 클릭하여 체크하고, 추출 칸에서 [고정된 요인 수(N)]를 클릭한 후 [추출할 요인(T)]에 '2'를 입력하고 [계속(C)] 버튼을 클릭한다 **그림 11-35**.

❺ [요인회전(T)] 버튼을 눌러 창이 뜨면 방법 칸에서 [베리멕스(V)]를 클릭하여

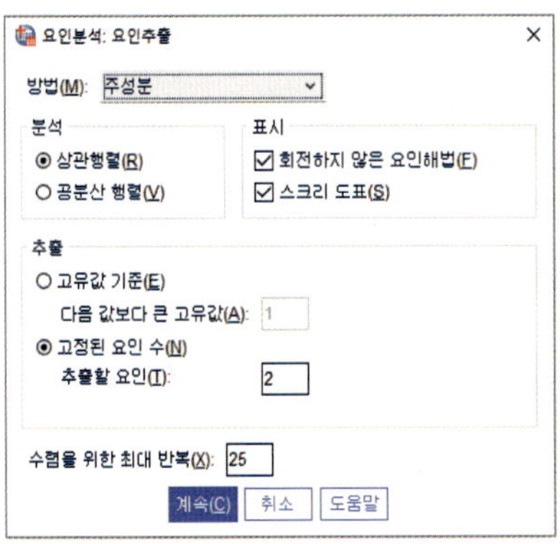

● **그림 11-35** 요인분석: 요인추출 대화상자

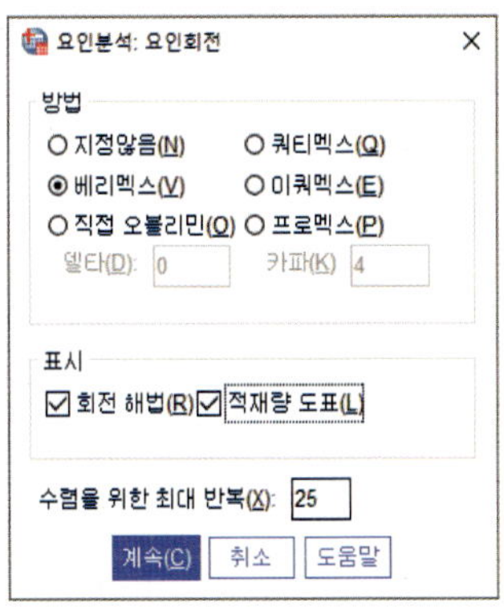

● **그림 11-36** 요인분석: 요인회전 대화상자

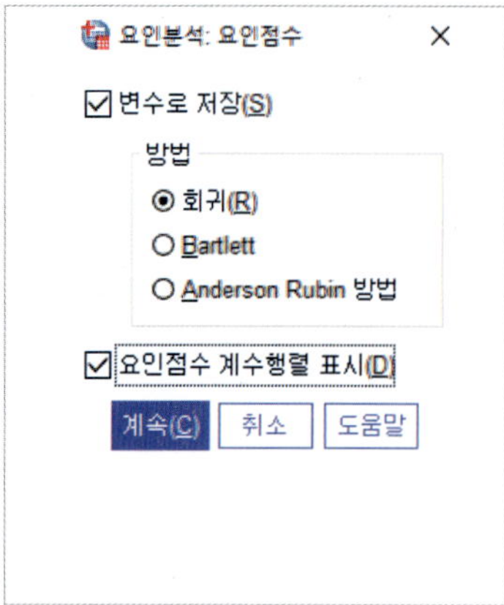

● **그림 11-37** 요인분석: 요인점수 대화상자

● **그림 11-38** 요인분석: 옵션 대화상자

체크하고, 표시 칸에서 [적재량 도표(L)]를 클릭하여 체크한 후 [계속(C)] 버튼을 클릭한다 **그림 11-36**.

❻ [점수(S)] 버튼을 눌러 창이 뜨면 [변수로 저장(S)]과 [요인점수 계수행렬 표시(D)]를 클릭하여 체크한 후 [계속(C)] 버튼을 클릭한다 **그림 11-37**.

❼ [옵션(O)] 버튼을 눌러 창이 뜨면 계수표시형식 칸에서 [크기순 정렬(S)]을 클

		freA	shA	sweF	shF	afT	acrid	darS	darP
상관관계	freA	1.000	.689	−.702	.787	.774	.788	−.634	−.574
	shA	.689	1.000	−.807	.875	.738	.868	−.752	−.545
	sweF	−.702	−.807	1.000	−.895	−.817	−.908	.804	.714
	shF	.787	.875	−.895	1.000	.948	.998	−.861	−.764
	afT	.774	.738	−.817	.948	1.000	.945	−.825	−.806
	acrid	.788	.868	−.908	.998	.945	1.000	−.880	−.786
	darS	−.634	−.752	.804	−.861	−.825	−.880	1.000	.939
	darP	−.574	−.545	.714	−.764	−.806	−.786	.939	1.000
유의확률 (단측)	freA		.010	.008	.002	.003	.002	.018	.033
	shA	.010		.001	.000	.005	.000	.004	.042
	sweF	.008	.001		.000	.001	.000	.001	.007
	shF	.002	.000	.000		.000	.000	.000	.003
	afT	.003	.005	.001	.000		.000	.001	.001
	acrid	.002	.000	.000	.000	.000		.000	.002
	darS	.018	.004	.001	.000	.001	.000		.000
	darP	.033	.042	.007	.003	.001	.002	.000	

● **그림 11-39** 상관행렬 결과

표본 적절성의 Kaiser-Meyer-Olkin 측도		.772
Bartlett의 구형성 검정	근사 카이제곱	118.956
	자유도	28
	유의확률	.000

● **그림 11-40** KMO와 Bartlett의 검정

릭하여 체크하고 [계속(C)] 버튼을 클릭한다. 모든 설정이 끝나면 [확인] 버튼을 클릭한다 **그림 11-38**.

그림 11-39는 상관행렬 결과이다. 상관행렬 표는 요인분석에 이용된 변수들 간의 상관계수와 계수의 유의성을 보여준다. 0.3 미만인 상관계수가 많을 경우 요인분석에 적합하지 않은 것으로 평가한다.

KMO와 바틀릿(Bartlett)의 검정으로 데이터가 요인분석에 적합한지 알 수 있다. 표본 적절성의 KMO 측도가 1에 가까울수록 데이터가 요인분석하기에 적합하다고 평가하며, 0.5 이하면 요인분석하기에 부적합한 것으로 평가한다. 바틀릿의 구형성 검정의 유의확률이 0.05 미만일 때 요인분석에 적합한 것으로 평가한다 **그림 11-40**.

		freA	shA	sweF	shF	afT	acrid	darS	darP
역-이미지 공분산	freA	.321	-.040	-.031	.006	-.023	-.006	-.021	.013
	shA	-.040	.073	.031	-.005	.012	.004	.027	-.031
	sweF	-.031	.031	.112	-.006	-.007	.007	.018	-.016
	shF	.006	-.005	-.006	.001	-.003	-.001	-.002	0.01
	afT	-.023	.012	-.007	-.003	.046	.001	-.007	.016
	acrid	-.006	.004	.007	-.001	.001	.001	.002	-.001
	darS	-.021	.027	.018	-.002	-.007	.002	.021	-.024
	darP	.013	-.031	-.016	.001	.016	-.001	-.024	.034
역-이미지 상관계수	freA	.898[a]	-.260	-.164	.292	-.192	-.320	-.256	.128
	shA	-.260	.718[a]	.338	-.533	.209	.463	.687	-.627
	sweF	-.164	.338	.823[a]	-.509	-.098	.607	.377	-.262
	shF	.292	-.533	-.509	.739[a]	-.365	-.973	-.426	.143
	afT	-.192	.209	-.098	-.365	.913[a]	.182	-.239	.396
	acrid	-.320	.463	.607	-.973	.182	.738[a]	.492	-.200
	darS	-.256	.687	.377	-.426	-.239	.492	.704[a]	-.901
	darP	.128	-.627	-.262	.143	.396	-.200	-.901	.720[a]

a. 표본화 적합성 측도(MSA)

● **그림 11-41** 역-이미지 행렬

	초기	추출
freA	1.000	.767
shA	1.000	.849
sweF	1.000	.844
shF	1.000	.973
afT	1.000	.892
acrid	1.000	.980
darS	1.000	.950
darP	1.000	.979

추출 방법: 주성분 분석

● **그림 11-42** 공통성

역-이미지 행렬표에서 대각선상의 값들은 각 변수의 MSA(Measure of Sampling Adequacy)를 나타낸다. MSA 값 역시 KMO와 마찬가지로 요인분석의 적합도를 나타내는데 0.5 초과일 때 요인분석에 적합한 것으로 평가한다 **그림 11-41**.

공통성은 한 변수가 다른 변수들과 공유하는 분산의 양을 나타낸다. 요인분석 결과에서 한 변수의 분산이 추출된 요인들에 의해 설명되는 정도를 나타낸다. 공통성 표에서 추출된 값이 모두 0.3 초과일 때 요인분석에 적합한 것으로 평가한다 **그림 11-42**.

설명된 총분산은 좌측 변수로부터 추출될 수 있는 두 가지 요인의 고유값과 설명력을 나타낸다. 회전 제곱한 적재량 부분이 고유값(eigenvalue)과 설명력을 나타내는 중요한 부분으로 요인들이 전체 분산의 90.417%를 설명하는 것을 알 수 있

	초기 고유값			추출 제곱합 적재량			회전 제곱합 적재량		
성분	전체	% 분산	누적 %	전체	% 분산	누적 %	전체	% 분산	누적 %
1	6.633	82.912	82.912	6.633	82.912	82.912	4.100	51.255	51.255
2	.600	7.505	90.417	.600	7.505	90.417	3.133	39.162	90.417
3	.368	4.596	95.013						
4	.190	2.373	97.386						
5	.166	2.071	99.457						
6	.030	.371	99.828						
7	0.13	.164	99.992						
8	.001	.008	100.000						

추출 방법: 주성분 분석

● **그림 11-43** 설명된 총분산

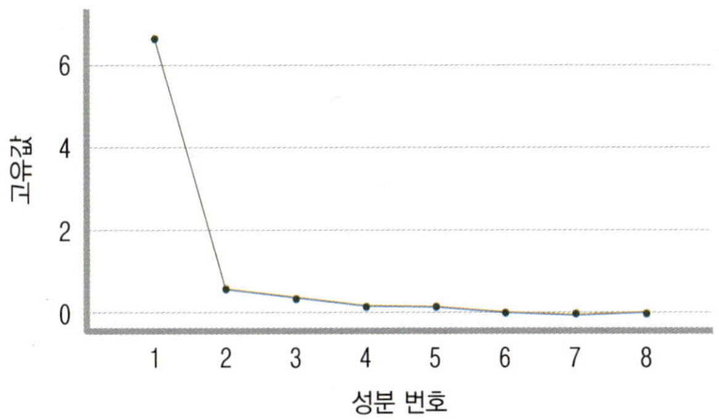

● **그림 11-44** 스크리 도표

다 **그림 11-43**.

스크리 도표는 추출된 각 요인의 고유값을 내림차순으로 정렬하여 시각적으로 보여준다 **그림 11-44**.

성분행렬ª은 '회전 전 요인행렬'을 나타내고, 회전된 성분행렬ª은 '회전된 요인 행렬'을 나타낸다. 회전된 성분행렬은 베리멕스 방식으로 4회 반복 회전하여 얻어진 결과로 회전 전 요인행렬에 비해 요인구조가 뚜렷하게 나타난다. 성분 변환행렬은 요인 회전 시 사용한 변환행렬 값을 의미한다 **그림 11-45**.

성분행렬ª

성분	1	2
acrid	.988	.061
shF	.982	.092
afT	.944	−.032
darS	−.920	.321
sweF	−.915	−.079
shA	.864	.321
darP	−.842	.520
freA	.814	.323

추출 방법: 주성분 분석.
a. 추출된 2 성분

회전된 성분행렬ª

성분	1	2
shA	.866	.315
freA	.829	.281
shF	.808	.566
acrid	.792	.594
sweF	−.748	−.533
afT	.699	.636
darP	−.304	−.941
darS	−.493	−.841

추출 방법: 주성분 분석.
회전 방법: 카이저 정규화가 있는 베리멕스.
a. 3 반복계산에서 요인회전이 수렴되었습니다.

성분 변환행렬

성분	1	2
1	.762	.648
2	.648	−.762

추출 방법 : 주성분 분석.
회전 방법 : 카이저 정규화가 있는 베리멕스.

● **그림 11-45** 성분행렬, 회전된 성분행렬, 성분 변환행렬

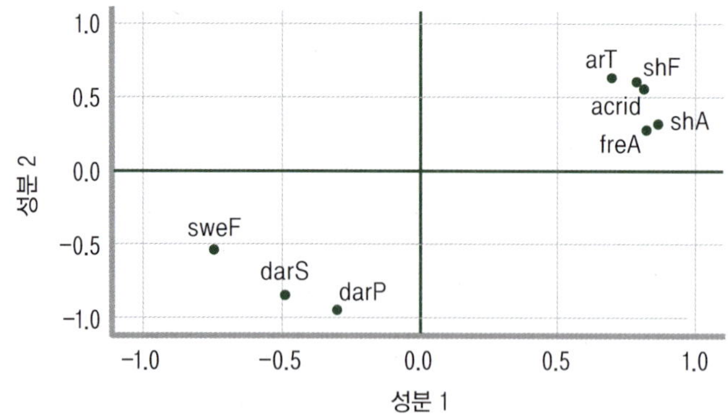

● **그림 11-46** 회전 공간의 성분 도표

성분점수 계수행렬

성분	1	2
freA	.442	−.331
shA	.445	−.323
sweF	−.190	.010
shF	.212	−.021
afT	.074	.132
acrid	.179	.019
darS	.241	−.498
darP	.464	−.742

추출 방법: 주성분 분석.
회전 방법: 카이저 정규화가 있는 베리멕스.
요인 점수.

성분점수 공분산 행렬

성분	1	2
1	1.000	.000
2	.000	1.000

추출 방법: 주성분 분석.
회전 방법: 카이저 정규화가 있는 베리멕스.
요인 점수.

● **그림 11-47** 성분점수 계수행렬과 성분점수 공분산 행렬

회전 공간의 성분 도표는 회전된 요인상에 변수들이 어디에 위치하는지를 보여 주는 그래프이다 **그림 11-46**.

성분점수 계수행렬은 요인점수 계수행렬을 나타낸다. 성분점수 공분산 행렬은 요인점수 공분산 행렬을 나타낸다. 주성분 분석은 베리멕스 방식의 직각 회전을 한 것으로 회전 후 요인들은 서로 독립적이므로 공분산이 0이 된다 **그림 11-47**.

(7) Pearson 상관분석

두 연속형 변수 사이의 선형적 관계를 분석하는 방법으로, 감각평가에서 평가된

	단향	짠내	구수한향	단맛	짠맛	구수한맛
1	3	5	4	4	6	4
2	2	4	3	4	8	5
3	3	5	3	4	7	3
4	3	4	4	4	7	6
5	5	4	4	5	4	3
6	4	6	5	3	7	3
7	4	7	4	5	6	4
8	2	4	3	3	7	3
9	4	5	4	4	7	4
10	3	4	4	4	7	3
11	3	5	6	4	7	6
12	3	5	3	3	6	3
13	4	4	4	5	7	4
14	3	4	4	4	5	4
15	4	5	4	5	6	3
16	3	3	2	5	8	5
17	2	6	4	3	8	4
18	3	3	2	4	7	4
19	6	5	6	5	5	6
20	4	6	4	3	6	3
21	3	7	3	4	7	6
22	3	6	3	3	7	4
23	4	5	4	4	6	4
24	3	4	4	3	7	3
25	3	5	4	4	7	5
26	3	4	5	4	6	5
27	3	5	5	4	7	3
28	2	4	5	3	8	4
29	3	5	4	2	8	5
30	2	3	3	3	8	5

● **그림 11-48** Pearson 상관분석을 위한 데이터

특성들 간에 어떤 관계가 있으며 얼마나 연관이 있는지를 알아보기 위해 주로 사용된다. 예를 들어, 단맛이 강한 것은 단향도 강할 것으로 예상되지만 실제로 단맛과 단향 사이에 얼만큼의 연관이 있는지를 Pearson 상관분석(Pearson's correlation analysis)으로 알아볼 수 있다.

상관 정도는 상관계수(r)로 표시되는데 r은 -1에서 1 사이의 값으로 음수는 음의 상관관계, 양수는 양의 상관관계를 뜻하며 r이 0에 가까워지면 두 변수 간의 관계가 선형이 아니라는 뜻이다.

두 변수의 설명력인 r^2은 상관계수(r)의 제곱으로 표현되는데 선형관계의 정도를 설명해 주는 것이다. 두 변수의 상관계수(r)가 0.8이라면 서로 64%만큼 설명이 가능하며 상관계수(r)가 -0.5라면 둘의 관계에 25%만큼 역관계가 있다는 것을 설

연구가설

가설 검증에 의한 귀무가설과 대립가설은 아래와 같이 설정된다.

- 귀무가설 H_0 : 두 변수는 선형의 상관관계가 없다(r=0).
- 대립가설 H_1 : 두 변수는 선형의 상관관계가 있다(r≠0)

명하는 것이다. 만일 상관계수(r)가 1이나 -1이면 두 변수는 완전 선형관계를 가지기 때문에 한 변수를 알면 다른 변수를 100% 예측할 수 있으며 상관계수(r)가 0이라면 두 변수는 완전 독립관계로 서로를 설명할 수 없다는 것을 의미한다.

상관분석에서 두 변수 간 선형관계에 대한 유의성을 검증하기 위해 위와 같은 가설을 설정하고 분석 결과에서 유의수준 $p<0.05$일 경우 귀무가설을 기각하고 대립가설을 채택하여 두 변수 간에 선형의 상관관계가 있다고 말할 수 있다.

❶ SPSS에 데이터를 입력한다.

SPSS 실습

다음은 한식 된장의 묘사분석에서 제시된 단향, 짠내, 구수한 향, 단맛, 짠맛, 구수한 맛의 6가지 특성들의 데이터이다. 각 변수들 간의 상관관계를 분석하시오.

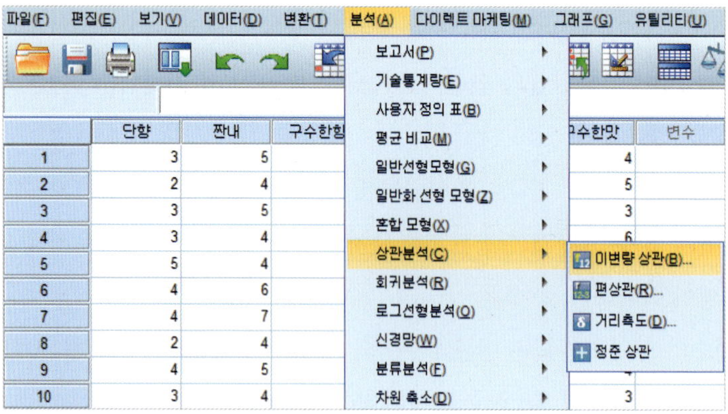

● **그림 11-49** Pearson 상관분석 절차

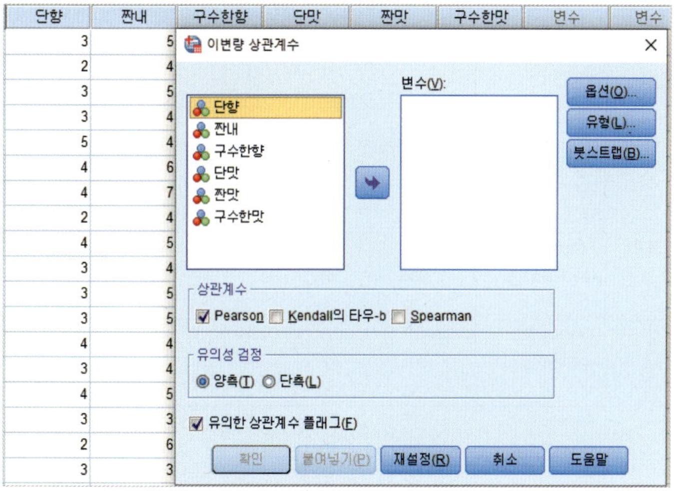

● **그림 11-50** 이변량 상관계수 대화상자

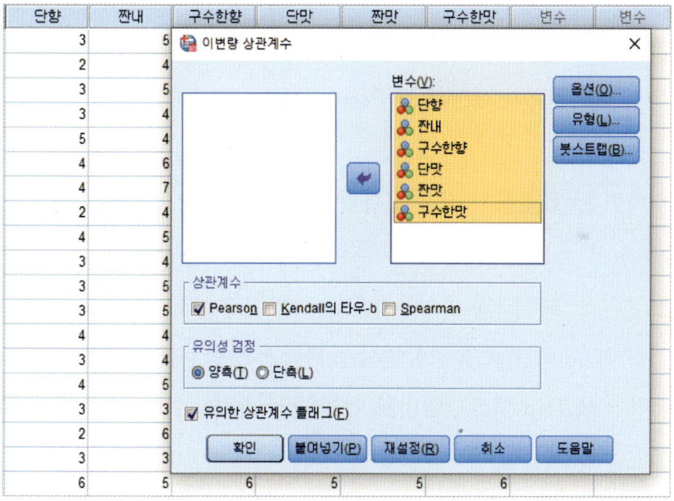

● **그림 11-51** 이변량 상관계수 대화상자의 변수 지정

❷ **그림 11-49** 와 같이 [분석(A)] → [상관분석(C)] → [이변량 상관(B)...]을 선택하면 이변량 상관계수 대화상자가 나타난다 **그림 11-50**.

❸ 대화상자 왼쪽에 있는 분석할 변수(단향, 짠내, 구수한향, 짠맛, 구수한맛)를 모두 선택한 후 화살표를 클릭하여 오른쪽 [변수(Y)]로 보 보내고 **그림 11-51**, [확인]

상관관계

		단향	짠내	구수한향	단맛	짠맛	구수한맛
단향	Pearson 상관	1	.252	.388*	.542**	-.711**	-0.34
	유의확률(양측)		.180	.034	0.002	.000	.857
	N	30	30	30	30	30	30
짠내	Pearson 상관	.252	1	.247	-.097	-.139	-.029
	유의확률(양측)	.180		.189	.610	.465	.877
	N	30	30	30	30	30	30
구수한향	Pearson 상관	.388*	.247	1	.068	-.286	.152
	유의확률(양측)	.034	.189		.721	.126	.423
	N	30	30	30	30	30	30
단맛	Pearson 상관	.542**	-.097	.068	1	-.459*	.153
	유의확률(양측)	.002	.610	.721		.011	.418
	N	30	30	30	30	30	30
짠맛	Pearson 상관	-.711**	-.139	-.286	-459*	1	.205
	유의확률(양측)	.000	465	.126	.011		.277
	N	30	30	30	30	30	30
구수한맛	Pearson 상관	-.034	-.029	.152	.153	.205	1
	유의확률(양측)	.857	.877	.423	.418	.277	
	N	30	30	30	30	30	30

* 상관관계가 0.05 수준에서 유의합니다(양측).
** 상관관계가 0.01 수준에서 유의합니다(양측).

● **그림 11-52** Pearson 상관분석 출력결과

을 클릭하면 **그림 11-52** 와 같은 결과가 얻어진다.

한식 된장의 단향과 단맛의 상관계수는 r=0.54($p<0.01$), 단향과 구수한 향의 상관계수는 r=0.39($p<0.05$)로 통계상에서 유의하게 연관성을 보였다. 역관계로는 단향과 짠맛이 r=-0.71($p<0.01$), 단맛과 짠맛이 r=-0.46($p<0.05$)으로 통계상에서 유의하게 연관성이 있는 것으로 나타났다.

(8) 다중회귀분석

감각평가에서 전반적인 만족도는 한 가지로만 예측할 수 있는 것이 아니며 다양한 변수들의 영향을 동시에 받을 수 있다. 이와 같이 여러 독립변수 사이의 영향을 모두 고려하여 종속변수를 최적으로 설명할 수 있는 하나의 회귀식으로 나타내는 것을 다중회귀분석(multiple linear regression)이라고 한다.

다중회귀분석은 종속변수와 관련된 주요 독립변수를 식별하고, 동시에 교란변수의 영향을 제어하여 개별 독립변수가 종속변수에 미치는 영향을 분석하고 최종적으로 종속변수를 가능한 한 정확하게 예측하는 것이 목적이다.

R^2은 회귀식의 설명력을 나타내는 지표로, 일반적으로 이 값이 클수록 해당 회귀식이 더 높은 설명을 가지며 수정된 결정계수 R^2adj(adjusted R^2)은 R^2을 표본의 크기와 독립변수의 수로 조정하여 나타낸 값이다. 이를 통해 더 정확한 모델 평가를 수행할 수 있으며 모델의 복잡성을 고려한 설명력 평가가 가능하다.

회귀계수(β)는 독립변수가 종속변수에 미치는 영향의 크기를 나타내는데, 독립변수들의 단위에 크게 영향을 받기 때문에 회귀계수의 크기로 영향력을 직접 비교해서는 안 된다. 독립변수들의 값을 평균=0, 표준편차=1로 표준화한 값인 표준화 회귀계수의 절댓값으로 여러 독립변수들 중 종속변수에 가장 영향력이 큰 변수를 알아낼 수 있다.

감각평가의 전반적인 기호도를 설명하기 위해서는 다양한 독립변수 조합을 고려해 여러 회귀모형을 추정할 수 있다. 이를 위해 SPSS 통계 프로그램에서는 최적의 회귀모형을 찾기 위해 입력, 제거, 전진, 후진, 단계선택 등의 옵션을 제공한다. '입력'은 모든 변수를 회귀모형에 입력하는 방식이고, '제거'는 지정된 변수들을 제외하고 나머지 모든 변수를 넣어 사용하는 방식이다. '전진'은 회귀계수의 유의확률이 가장 낮은 변수부터 순서대로 하나씩 더해 나가며 분석하는 방식이고, '후진'은 모든 변수를 다 넣은 상태에서 유의확률이 높은 순서대로 하나씩 제거하고 유의한 변수들만 남을 때까지 계속하는 방식이다. '단계선택'은 전진 선택과 후진 선택의 방법을 섞어 놓은 방식이다.

회귀분석에서 다중공선성을 고려하는 이유는 교란변수들 간의 상호 영향을 제어하고, 각 독립변수가 종속변수에 미치는 영향을 파악하기 위함이다. 회귀모델에서 다중공선성이 나타나면, 각 변수의 공차한계와 분산팽창요인(VIF) 값을 검토하여 문제를 확인할 수 있다. 일반적으로 공차한계가 0.1 이하이거나 VIF가 10이상이면 다중공선성을 의심할 수 있다.

회귀식의 유의성 검증에 의한 귀무가설과 대립가설은 아래와 같이 설정된다.

- 귀무가설 H_0 : 회귀식으로 설명할 수 없다($\beta_1 = \beta_2 = \cdots \beta_k = 0$).
- 대립가설 H_1 : 회귀식으로 설명할 수 있다.

회귀식의 유의성은 분산분석표에서 F검정으로 나타내며 $p < 0.05$이면 회귀식이 통계적으로 의미가 있다는 뜻이다.

회귀계수의 유의성 검증에 의한 귀무가설과 대립가설은 아래와 같이 설정된다.

- 귀무가설 H_0 : 독립변수(χ_1)는 종속변수와 관계가 없다($\beta_1 = 0$).
- 대립가설 H_1 : 독립변수(χ_1)는 종속변수와 관계가 있다($\beta_1 \neq 0$).

회귀계수의 유의성은 t분포로 표시하며 각각의 독립변수의 회귀계수가 $p < 0.05$일 때 종속변수에 유의미한 영향을 미친다고 평가할 수 있다.

SPSS 실습

다음은 한식된장의 묘사분석에서 제시된 단향, 짠내, 구수한 향, 군덕내, 단맛, 짠맛, 구수한 맛, 감칠맛, 군덕맛 및 전반적인 만족도에 대한 데이터이다. 이 데이터를 바탕으로 전반적인 만족도와 유의하게 관련이 있는 변수는 어떤 것인지 분석하시오.

❶ SPSS에 데이터를 입력한다 **그림 11-53**.

❷ **그림 11-54**과 같이 [분석(A)] → [회귀분석(R)] → [선형(L)]을 선택하면 선형 회귀 대화상자가 나타난다 **그림 11-55**.

❸ 대화상자 왼쪽에 있는 전반적인 만족도는 오른쪽의 [독립변수(I)]로, 나머지 분석할 모든 변수(단향, 짠내, 구수한향, 군덕내, 단맛, 구수한맛, 감칠맛, 군덕맛)는 [종속변수(D)]로 보낸 후, 방법에서 [단계선택]을 클릭한다 **그림 11-56**.

❹ [통계량(S)]을 클릭한 후 공선성진단(L)과 잔차의 [Durbin-Watson]을 선택하고 [계속(C)]을 누른다 **그림 11-57**.

	단향	짠내	구수한향	군덕내	단맛	짠맛	구수한맛	감칠맛	군덕맛	전반적만족도
1	3	5	4	6	4	6	4	3	5	4
2	2	4	3	7	4	8	5	4	7	5
3	3	5	3	5	4	7	3	3	6	4
4	3	4	4	6	4	7	6	4	6	3
5	5	4	4	6	5	4	3	5	6	4
6	4	6	5	6	3	7	3	4	7	3
7	4	7	4	2	5	6	4	3	2	2
8	2	4	3	6	3	7	3	4	3	3
9	4	5	4	5	4	7	4	3	7	3
10	3	4	4	6	4	7	3	4	8	2
11	3	5	6	4	4	7	6	5	6	4
12	3	5	3	6	3	6	3	3	7	3
13	4	4	4	6	5	7	4	3	5	4
14	3	4	4	6	4	5	4	3	6	4
15	4	5	4	6	5	6	3	5	6	5
16	3	3	2	7	5	8	5	4	8	6
17	2	6	4	4	3	8	4	4	3	3
18	3	3	2	8	4	7	4	3	4	4
19	6	5	6	5	5	5	6	6	6	4
20	4	6	4	7	3	6	3	4	7	3
21	3	7	3	6	4	7	6	5	6	3
22	3	6	3	7	3	7	4	3	7	2
23	4	5	4	6	4	6	4	3	6	3
24	3	4	4	7	3	7	3	3	6	2
25	3	5	4	5	4	7	5	4	6	4
26	3	4	5	6	4	6	5	4	6	3
27	3	5	5	6	4	7	3	2	6	4
28	2	4	5	7	3	8	4	4	6	3
29	3	5	4	5	2	8	5	3	7	3
30	2	3	3	7	3	8	5	4	8	4

● **그림 11-53** 회귀분석을 위한 데이터

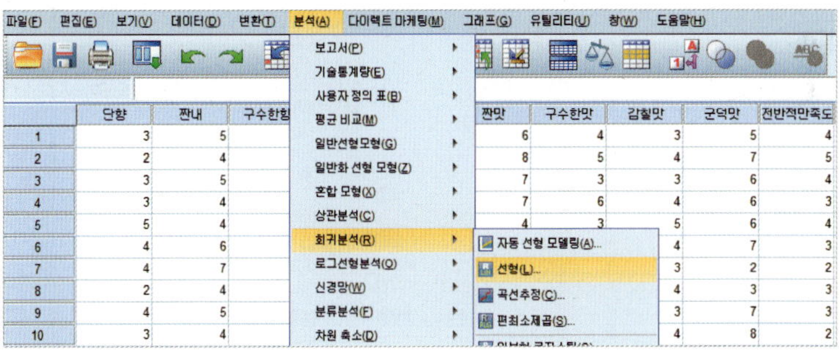

● **그림 11-54** 회귀분석 절차

❺ [도표(T)]를 클릭해 산점도에서 X축에 [ZPRED(표준화 예측값)], Y축에 [ZRESID(표준화 잔차)]를 넣고 표준화 잔차도표에서 [히스토그램(H)]과 [정규 확률도표(R)]를 선택한 후 [계속(C)]을 선택한다 **그림 11-58**.

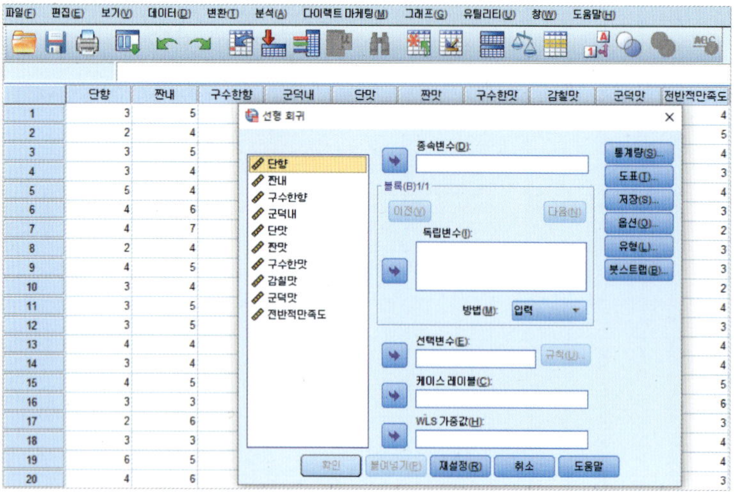

● 그림 11-55 선형회귀 대화상자

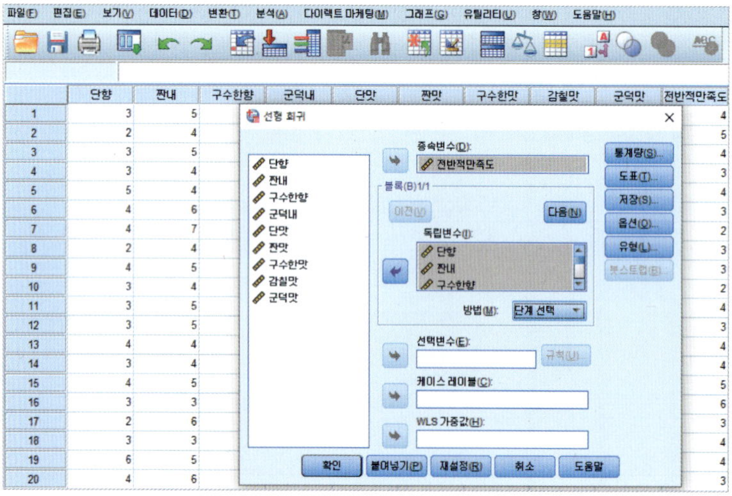

● 그림 11-56 선형회귀 대화상자에서 변수 지정

❻ [옵션(O)]을 클릭하여 단계선택방법의 선택기준값인 유의수준 0.05에서 진입하고 0.10에서 제거되는 것을 확인한 후 [계속(C)]을 누르고 나온 다음 확인을 클릭한다 그림 11-59.

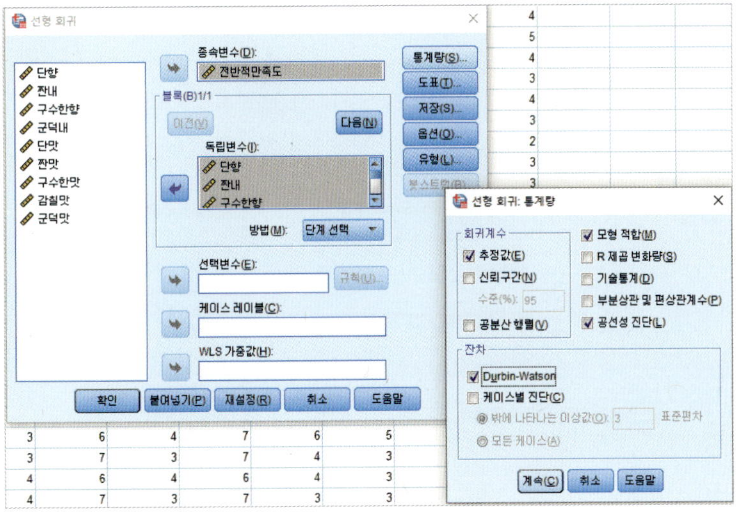

● **그림 11-57** 선형회귀 대화상자 중 통계량에서 변수 지정

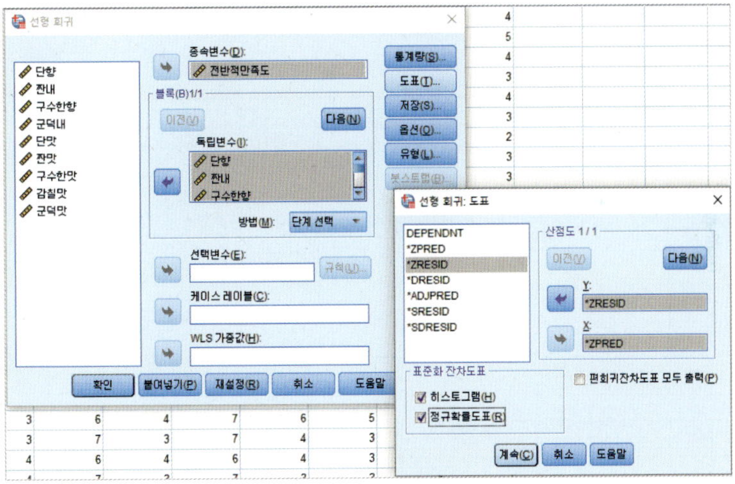

● **그림 11-58** 선형회귀 대화상자 중 도표에서 변수 지정

단계선택법에서 회귀모형은 모형 1 → 모형 2의 2단계로 결정되었으며 전반적인 만족도는 최종 결정된 모형 2의 회귀식으로 38%만큼 설명될 수 있다 **그림 11-60**. 더빈-왓슨(Durbin-Watson) 통계량은 오차항의 독립성을 보는 것으로, 서로 이웃하

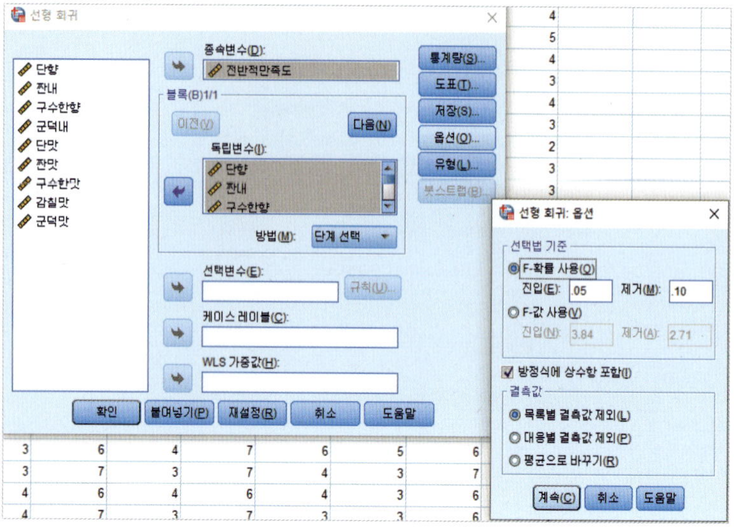

● **그림 11-59** 선형회귀 대화상자 중 옵션에서 변수 지정

회귀

입력/제거된 변수[a]

모형	입력된 변수	제거된 변수	방법
1	단맛		단계선택(기준 : 입력에 대한 F의 확률 <=.050, 제거에 대한 F의 확률 >=.100).
2	짠내		단계선택(기준 : 입력에 대한 F의 확률 <=.050, 제거에 대한 F의 확률 >=.100).

a. 종속변수: 전반적 만족도

모형 요약[c]

모형	R	R 제곱	수정된 R 제곱	추정값의 표준 오차	Durbin-Watson
1	.480[a]	.231	.203	.836	
2	.616[b]	.380	.334	.765	1.728

a. 예측자: (상수), 단맛
b. 예측자: (상수), 단맛, 짠내
c. 종속변수: 전반적만족도

● **그림 11-60** 선형회귀 출력결과

는 잔차들 간에 연관성이 있는 것을 자기상관이라 하는데 이 통계량이 2 안팎이면 자기상관성이 없다는 의미이다. 모형 2의 더빈-왓슨(Durbin-Watson) 통계량은 1.728로 자기상관성이 없는 것으로 판단된다.

단계선택법으로 최종 결정된 모형 2는 분산분석에서 $p<0.05$로, 이 회귀식은 통계적으로 유의미하다. 회귀식으로는 '전반적인 만족도=3.097+0.524×단맛-0.347×짠내'로 추정할 수 있다. 모형 2에서 단맛은 $p<0.01$, 짠내는 $p<0.05$의 유의수준으로 유의하며 다중공선성을 의미하는 VIF가 단맛, 짠내 모두 10 이하이므로 다중공선성은 없는 것으로 판단된다 **그림 11-61**.

위쪽 그래프인 잔차의 정규 P-P도표에서 곡선이 관측된 확률에 가까이 존재하며 증가하므로 정규성을 보여 준다고 할 수 있다. 아래쪽의 잔차산점도에서 잔차들이 일정한 규칙을 가지지 않고 랜덤하게 흩어져 있으므로 독립성과 등분산성을 만족한다고 할 수 있다 **그림 11-62**.

ANOVA[a]

모형		제곱합	자유도	평균제곱	F	유의확률
1	회귀	5.878	1	5.878	8.401	.007[b]
	잔차	19.589	28	.700		
	전체	25.467	29			
2	회귀	9.669	2	4.834	8.262	.002[c]
	잔차	15.798	27	.585		
	전체	25.467	29			

a. 종속변수: 전반적 만족도
b. 예측자: (상수), 단맛
c. 예측자: (상수), 단맛, 짠내

계수[a]

모형		비표준화 계수		표준화 계수	t	유의확률	공선성 통계량	
		B	표준오차	베타			공차	VIF
1	(상수)	1.286	.768		1.676	.105		
	단맛	.569	.196	.480	2.899	.007	1.000	1.000
2	(상수)	3.097	.999		3.099	.005		
	단맛	.524	.180	.443	2.908	.007	.991	1.009
	짠내	-.347	.136	-.388	-2.545	.017	.991	1.009

a. 종속변수: 전반적 만족도

● **그림 11-61** 선형회귀 출력결과

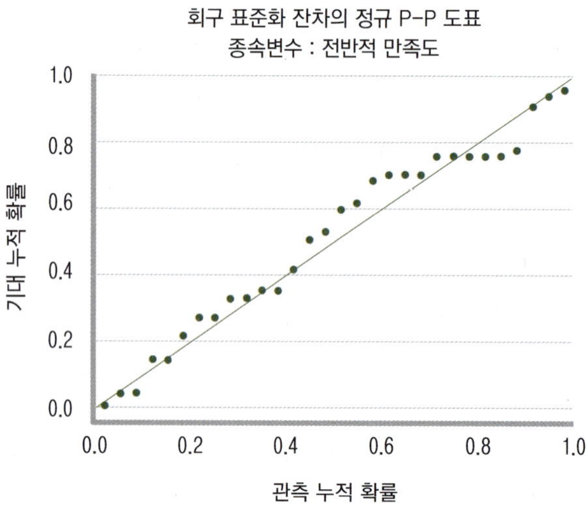

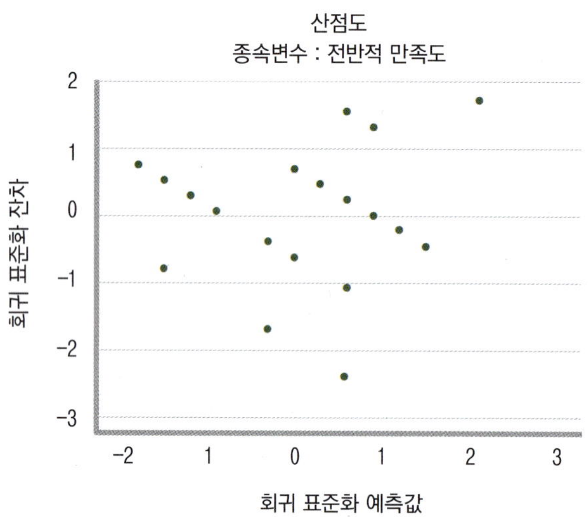

그림 11-62 선형회귀 출력결과

부록

부록

표 A 삼점평가의 유의성 검정표(p=1/3)

평가자 수	유의적 차이를 표명할 수 있는 최소 정답 수			평가자 수	유의적 차이를 표명할 수 있는 최소 정답 수		
	α=0.05 (*)	α=0.01 (**)	α=0.001 (***)		α=0.05 (*)	α=0.01 (**)	α=0.001 (***)
5	4	5	–	53	24	27	29
6	5	6	–	54	25	72	30
7	5	6	7	55	25	27	30
8	6	7	8	56	25	28	31
9	6	7	8	57	26	28	31
10	7	8	9	58	26	29	31
11	7	8	9	59	27	29	32
12	8	9	10	60	27	29	32

(계속)

평가자 수	유의적 차이를 표명할 수 있는 최소 정답 수			평가자 수	유의적 차이를 표명할 수 있는 최소 정답 수		
	α=0.05 (*)	α=0.01 (**)	α=0.001 (***)		α=0.05 (*)	α=0.01 (**)	α=0.001 (***)
13	8	9	11	61	27	30	33
14	9	10	11	62	28	30	33
15	9	10	12	63	28	31	34
16	9	11	12	64	29	31	34
17	10	11	13	65	29	32	34
18	10	12	13	66	29	32	35
19	11	12	14	67	30	32	35
20	11	13	14	68	30	33	35
21	12	13	15	69	30	33	36
22	12	13	15	70	31	34	37
23	12	14	16	71	31	34	37
24	13	14	16	72	32	34	37
25	13	15	17	73	32	35	38
26	14	15	17	74	32	35	38
27	14	16	18	75	33	35	39
28	14	16	18	76	33	36	39
29	15	17	19	77	33	36	39
30	15	17	19	78	34	37	40
31	16	17	19	79	34	37	40
32	16	18	20	80	35	37	41
33	16	18	20	81	35	38	41
34	17	19	21	82	35	38	42
35	17	19	21	83	36	39	42
36	18	20	22	84	36	39	42
37	18	20	22	85	36	39	43
38	18	20	23	86	37	40	43
39	19	21	23	87	37	40	44
40	19	21	24	88	38	41	44
41	20	22	24	89	38	41	44
42	20	22	24	90	38	41	45
43	20	23	25	91	39	42	45
44	21	23	25	92	39	42	46
45	21	23	26	93	39	43	46
46	22	24	26	94	40	43	46
47	22	24	27	95	40	43	47
48	22	25	27	96	41	44	47
49	23	25	28	97	41	44	48
50	23	25	28	98	41	45	48
51	24	26	28	99	42	45	48
52	24	26	29	100	42	45	49

● **표 B** 이점평가의 유의성 검정표(p=1/2)

평가자 수	단측 검정			양측 검정		
	최소 정답 수			최소 정답 수		
	α=0.05 (*)	α=0.01 (**)	α=0.001 (***)	α=0.05 (*)	α=0.01 (**)	α=0.001 (***)
7	7	7	–	7	–	–
8	7	8	–	8	8	–
9	8	9	–	8	9	–
10	9	10	10	9	10	–
11	9	10	11	10	11	11
12	10	11	12	10	11	12
13	10	12	13	11	12	13
14	11	12	13	12	13	14
15	12	13	14	12	13	14
16	12	14	15	13	14	15
17	13	14	16	13	15	16
18	13	15	16	14	15	17
19	14	15	17	15	16	17
20	15	16	18	15	17	18
21	15	17	18	16	17	19
22	16	17	19	17	18	19
23	16	18	20	17	19	20
24	17	19	20	18	19	21
25	18	19	21	18	20	21
26	18	20	22	19	20	22
27	19	20	22	20	21	23
28	19	21	23	20	22	23
29	20	22	24	21	22	24
30	20	22	24	21	23	25
31	21	23	25	22	24	25
32	22	24	26	23	24	26
33	22	24	26	23	25	27
34	23	25	27	24	25	27
35	23	25	27	24	26	28
36	24	26	28	25	27	29
37	24	27	29	25	27	29
38	25	27	29	26	28	30
39	26	28	30	27	28	31
40	26	28	31	27	29	31

(계속)

평가자 수	단측 검정			양측 검정		
	최소 정답 수			최소 정답 수		
	α=0.05 (*)	α=0.01 (**)	α=0.001 (***)	α=0.05 (*)	α=0.01 (**)	α=0.001 (***)
41	27	29	31	28	30	32
42	27	29	32	28	30	32
43	28	30	32	29	31	33
44	28	31	33	29	31	34
45	29	31	34	30	32	34
46	30	32	34	31	33	35
47	30	32	35	31	33	36
48	31	33	36	32	34	36
49	31	34	36	32	34	37
50	32	34	37	33	35	37
51	32	35	37	33	36	38
52	33	35	38	34	36	39
53	33	36	39	35	37	39
54	34	36	39	35	37	40
55	35	37	40	36	38	41
56	35	38	40	36	39	41
57	36	38	41	37	39	42
58	36	39	42	37	40	42
59	37	39	42	38	40	43
60	37	40	43	39	41	44
61	38	41	43	39	41	44
62	38	41	44	40	42	45
63	39	42	45	40	43	45
64	40	42	45	41	43	46
65	40	43	46	41	44	47
66	41	43	46	42	44	47
67	41	44	47	42	45	48
68	42	45	48	43	46	48
69	42	45	48	44	46	49
70	43	46	49	44	47	50
71	43	46	49	45	47	50
72	44	47	50	45	48	51
73	45	47	51	46	48	51
74	45	48	51	46	49	52
75	46	49	52	47	50	53

(계속)

평가자 수	단측 검정			양측 검정		
	최소 정답 수			최소 정답 수		
	α=0.05 (*)	α=0.01 (**)	α=0.001 (***)	α=0.05 (*)	α=0.01 (**)	α=0.001 (***)
76	46	49	52	48	50	53
77	47	50	53	48	51	54
78	47	50	54	49	51	54
79	48	51	54	49	52	55
80	48	51	55	50	52	56
81	49	52	55	50	53	56
82	49	52	56	51	54	57
83	50	53	56	51	54	57
84	51	54	57	52	55	58
85	51	54	58	53	55	59
86	52	55	58	53	56	59
87	52	55	59	54	56	60
88	53	56	59	54	57	60
89	53	56	60	55	58	61
90	54	57	61	55	58	61
91	54	58	61	56	59	62
92	55	58	62	56	59	63
93	55	59	62	57	60	63
94	56	59	63	57	60	64
95	57	60	63	58	61	64
96	57	60	64	59	62	65
97	58	61	65	59	62	66
98	58	61	65	60	63	66
99	59	62	66	60	63	67
100	59	63	66	61	64	67

● **표 C** χ^2 분포표

d.f. v	α								
	0.99	0.95	0.9	0.5	0.1	0.05	0.025	0.01	0.005
1	0.0002	0.004	0.02	0.45	2.71	3.84	5.02	6.63	7.88
2	0.02	0.10	0.21	1.39	4.61	5.99	7.38	9.21	10.60
3	0.11	0.35	0.58	2.37	6.25	7.81	9.35	11.34	12.84
4	0.30	0.71	1.06	3.36	7.78	9.49	11.14	13.28	14.86
5	0.55	1.15	1.61	4.35	9.24	11.07	12.83	15.09	16.75
6	0.87	1.64	2.20	5.35	10.64	12.59	14.45	16.81	18.55
7	1.24	2.17	2.83	6.35	12.02	14.07	16.01	18.48	20.28
8	1.65	2.73	3.49	7.34	13.36	15.51	17.53	20.09	21.95
9	2.09	3.33	4.17	8.34	14.68	16.92	19.02	21.67	23.95
10	2.56	3.94	4.87	9.34	15.99	18.31	20.48	23.21	25.19
11	3.05	4.57	5.58	10.34	17.28	19.68	21.92	24.72	26.76
12	3.57	5.23	6.30	11.34	18.55	21.03	23.34	26.22	28.30
13	4.11	5.89	7.04	12.34	19.81	22.36	24.74	27.69	29.82
14	4.66	6.57	7.79	13.34	21.06	23.68	26.12	29.14	31.32
15	5.23	7.26	8.55	14.34	22.31	25.00	27.49	30.58	32.80
16	5.81	7.96	9.31	15.34	23.54	26.30	28.85	32.00	34.27
17	6.41	8.67	10.09	16.34	24.77	27.59	30.19	33.41	35.72
18	7.01	9.39	10.86	17.34	25.99	28.87	31.53	34.81	37.16
19	7.63	10.12	11.65	18.34	27.20	30.14	32.85	36.19	38.58
20	8.26	10.85	12.44	19.34	28.41	31.41	34.17	37.57	40.00
21	8.90	11.59	13.24	20.34	29.62	32.67	35.48	38.93	41.40
22	9.54	12.34	14.04	21.34	30.81	33.92	36.78	40.29	42.80
23	10.20	13.09	14.85	22.34	32.01	35.17	38.08	41.64	44.18
24	10.86	13.85	15.66	23.34	33.20	36.42	39.36	42.98	45.56
25	11.52	14.61	16.47	24.34	34.38	37.65	40.65	44.31	46.93
26	12.20	15.38	17.29	25.34	34.56	38.89	41.92	45.64	48.29
27	12.88	16.15	18.11	26.34	36.74	40.11	43.19	46.96	49.64
28	13.56	16.93	18.94	27.34	37.92	41.34	44.46	48.28	50.99
29	14.26	17.71	19.77	28.34	39.09	42.56	45.72	49.59	52.34
30	14.95	18.49	20.60	29.34	40.26	43.77	46.98	50.89	53.67
40	22.16	26.51	29.05	39.34	51.81	55.76	59.34	63.69	66.77
50	29.71	34.76	37.69	49.33	63.17	67.50	71.42	76.15	79.49
60	37.48	43.19	46.46	59.33	74.40	79.08	83.30	88.38	91.95
70	45.44	51.74	55.33	69.33	85.53	90.53	95.02	100.43	104.21
80	53.54	60.39	64.28	79.33	96.58	101.88	106.63	112.33	116.32
90	61.75	69.13	73.29	89.33	107.57	113.15	118.14	124.12	128.30
100	70.06	77.93	82.36	99.33	118.5	124.34	129.56	135.81	140.17

● **표 D** Student's t-분포표

d.f. v	Level of significance					
		10%	5%	2%	1%	0.1%
	10%	5%	2.5%	1%	0.5%	0.05%
1	3.08	6.31	12.71	31.82	63.66	636.62
2	1.89	2.92	4.30	6.96	9.92	31.60
3	1.64	2.35	3.18	4.54	5.84	12.92
4	1.53	2.13	2.78	3.75	4.60	8.61
5	1.48	2.02	2.57	3.36	4.03	6.87
6	1.44	1.94	2.45	3.14	3.71	5.96
7	1.41	1.89	2.36	3.00	3.50	5.41
8	1.40	1.86	2.31	2.90	3.36	5.04
9	1.38	1.83	2.26	2.82	3.25	4.78
10	1.37	1.81	2.23	2.76	3.17	4.59
11	1.36	1.80	2.20	2.72	3.11	4.44
12	1.36	1.78	2.18	2.68	3.05	4.32
13	1.35	1.77	2.16	2.65	3.01	4.22
14	1.35	1.76	2.14	2.62	2.98	4.14
15	1.34	1.75	2.13	2.60	2.95	4.07
16	1.34	1.75	2.12	2.58	2.92	4.01
17	1.33	1.74	2.11	2.57	2.90	3.97
18	1.33	1.73	2.10	2.55	2.88	3.92
19	1.33	1.73	2.09	2.54	2.86	3.88
20	1.33	1.72	2.09	2.53	2.85	3.85
21	1.32	1.72	2.08	2.52	2.83	3.82
22	1.32	1.72	2.07	2.51	2.82	3.79
23	1.32	1.71	2.07	2.50	2.81	3.77
24	1.32	1.71	2.06	2.49	2.80	3.75
25	1.32	1.71	2.06	2.49	2.79	3.73
26	1.32	1.71	2.06	2.48	2.78	3.71
27	1.31	1.70	2.05	2.47	2.77	3.69
28	1.31	1.70	2.05	2.47	2.76	3.67
29	1.31	1.70	2.05	2.46	2.76	3.66
30	1.31	1.70	2.04	2.46	2.75	3.65
40	1.30	1.68	2.02	2.42	2.70	3.55
60	1.30	1.67	2.00	2.39	2.66	3.46
120	1.29	1.66	1.98	2.36	2.62	3.37
∞(infinity)	1.28	1.64	1.96	2.33	2.58	3.29

표 E 오-중-이검사의 유의성 검정표

평가자 수	유의적 차이를 표명할 수 있는 최소 정답 수			평가자 수	유의적 차이를 표명할 수 있는 최소 정답 수		
	α=0.05	α=0.01	α=0.001		α=0.05	α=0.01	α=0.001
–	–	–	–	31	7	8	10
–	–	–	–	32	7	9	10
3	2	3	3	33	7	9	11
4	3	3	4	34	7	9	11
5	3	3	4	35	8	9	11
6	3	4	5	36	8	9	11
7	3	4	5	37	8	9	11
8	3	4	5	38	8	10	11
9	4	4	5	39	8	10	12
10	4	5	6	40	8	10	12
11	4	5	6	41	8	10	12
12	4	5	6	42	9	10	12
13	4	5	6	43	9	10	12
14	4	5	7	44	9	11	12
15	5	6	7	45	9	11	13
16	5	6	7	46	9	11	13
17	5	6	7	47	9	11	13
18	5	6	8	48	9	11	13
19	5	6	8	49	10	11	13
20	5	7	8	50	10	11	14
21	6	7	8	51	10	12	14
22	6	7	8	52	10	12	14
23	6	7	9	53	10	12	14
24	6	7	9	54	10	12	14
25	6	7	9	55	10	12	14
26	6	8	9	56	10	12	14
27	6	8	9	57	11	12	15
28	7	8	10	58	11	13	15
29	7	8	10	59	11	13	15
30	7	8	10	60	11	13	15

● 표 F-1 순위법의 유의성 검정표(5%)

네 개의 숫자는 최소 비유의적 순위합–최대 비유의적 순위합(표준시료가 없는 경우). 최소 비유의적 순위합–최대 비유의적 순위합(표준시료가 있는 경우)을 나타낸다.

반복수	처리수								
	2	3	4	5	6	7	8	9	10
2	–	–	–	–	–	–	–	–	–
	–	–	–	3–9	3–11	3–13	4–14	4–16	4–18
3	–	–	–	4–14	4–17	4–20	4–23	5–25	5–28
	–	4–8	4–11	5–13	6–15	6–18	7–20	8–22	8–25
4	–	5–11	5–15	6–18	6–22	7–25	7–29	8–32	8–36
	–	5–11	6–14	7–17	8–20	9–23	10–26	11–29	13–31
5	–	6–14	7–18	8–22	9–26	9–31	10–35	11–39	12–43
	6–9	7–13	8–17	10–20	11–24	13–27	14–31	15–35	17–38
6	7–11	8–16	9–21	10–26	11–31	12–36	13–41	14–16	15–51
	7–11	9–15	11–19	12–24	14–28	16–32	18–36	20–40	21–45
7	8–13	10–18	11–24	12–30	14–35	15–41	17–46	18–52	19–58
	8–13	10–18	13–22	15–27	17–32	19–31	22–41	24–46	26–51
8	9–15	11–21	13–27	15–33	17–39	18–46	20–52	22–58	24–64
	10–14	12–20	15–25	17–31	20–36	23–41	25–47	28–52	31–57
9	11–16	13–23	15–30	17–37	19–44	22–50	24–57	26–64	28–71
	11–16	14–22	17–28	20–34	23–40	26–46	29–52	32–58	35–64
10	12–18	15–25	17–33	20–40	22–48	25–55	27–63	30–70	32–78
	12–18	16–24	19–31	23–37	26–44	30–50	33–57	37–63	40–70
11	13–20	16–28	19–36	22–44	25–52	28–60	31–68	34–76	36–85
	14–19	18–26	21–34	25–41	29–48	33–55	37–62	41–69	45–76
12	15–21	18–30	21–39	25–47	28–56	31–65	34–74	38–82	41–91
	15–21	19–29	24–36	28–44	32–52	37–59	41–67	45–75	50–82
13	16–23	20–32	24–41	27–51	31–60	35–69	38–79	42–88	45–98
	17–22	21–31	26–39	31–47	35–56	40–64	45–72	50–80	54–89
14	17–25	22–34	26–44	30–54	34–64	38–74	42–84	46–94	50–104
	18–24	23–33	28–42	33–51	38–60	44–68	49–77	54–86	59–95
15	19–26	23–37	28–47	32–58	37–68	41–79	46–89	50–100	54–111
	19–26	25–35	30–45	36–54	42–63	47–73	53–82	59–91	64–101
16	20–28	25–39	30–50	35–61	40–72	45–83	49–95	54–106	59–117
	21–27	27–37	33–47	39–57	45–67	51–77	57–87	63–97	69–107
17	22–29	27–41	32–53	38–64	43–76	48–88	53–100	58–112	63–124
	22–29	28–40	35–50	41–61	48–71	54–82	61–92	67–103	74–113
18	23–31	29–43	34–56	40–68	46–80	51–93	57–105	62–118	68–130
	24–30	30–42	37–53	44–64	51–75	58–86	65–97	72–108	79–119
19	24–33	30–46	37–58	43–71	49–84	55–97	61–110	67–123	73–136
	25–32	32–44	39–56	47–67	54–79	62–90	69–102	76–114	84–125

(계속)

반복수	처리수								
	2	3	4	5	6	7	8	9	10
20	26–34 26–34	32–48 34–46	39–61 42–58	45–75 50–70	52–88 57–83	58–102 65–95	65–115 73–107	71–129 81–119	77–143 89–131
21	27–36 28–35	34–50 36–48	41–64 44–61	48–78 52–74	55–92 61–86	62–106 69–99	68–121 77–112	75–135 86–124	82–149 99–137
22	28–38 29–37	36–52 38–50	43–67 46–64	51–81 55–77	58–96 64–90	65–111 73–103	72–126 81–117	80–140 90–130	87–155 99–143
23	30–39 31–38	38–54 40–52	46–69 49–66	53–85 58–80	61–100 76–94	69–115 76–108	76–131 85–122	84–146 95–135	91–162 104–149
24	31–41 32–40	40–56 41–55	48–72 51–69	56–88 61–83	64–104 70–98	72–120 80–112	80–136 90–126	88–152 99–141	92–168 109–155
25	33–42 33–42	41–59 43–57	50–75 53–72	59–91 63–87	67–108 73–102	76–124 84–116	84–141 94–131	92–158 104–146	101–174 114–161
26	34–44 35–43	43–61 45–59	52–78 56–74	61–95 66–90	70–112 77–105	79–129 87–121	88–196 98–136	97–163 108–152	106–180 119–167
27	35–46 36–45	45–63 47–61	55–80 58–77	64–98 69–93	73–116 80–109	83–133 91–125	92–151 102–141	101–169 113–157	110–187 124–173
28	37–47 38–46	47–65 49–63	57–83 60–80	67–101 72–96	76–120 83–113	86–138 95–129	96–156 106–146	106–174 118–162	115–193 129–179
29	38–49 39–48	49–67 51–65	59–86 63–82	69–105 74–100	80–123 86–117	90–142 98–134	100–161 110–151	110–180 122–168	120–199 134–185
30	40–50 41–49	51–69 53–67	61–89 65–85	72–108 77–103	83–127 90–120	93–147 102–138	107–166 114–156	114–186 127–173	125–205 130–191
31	41–52 42–51	52–72 55–69	64–91 67–88	75–111 80–106	86–131 93–124	92–151 106–142	108–171 119–160	119–191 131–179	130–211 194–197
32	42–54 43–53	54–74 56–72	66–94 70–90	77–115 83–109	89–135 96–128	100–156 109–147	112–176 123–165	123–197 136–184	134–218 149–203
33	44–55 45–54	56–76 58–74	68–97 72–83	80–118 86–112	92–139 99–132	104–160 113–151	116–181 127–170	128–202 141–189	139–224 154–209
34	45–57 46–56	58–78 60–76	70–100 74–96	83–121 88–116	95–143 103–135	108–164 117–155	120–186 131–175	132–208 145–195	144–230 159–215
35	47–58 48–57	60–80 62–78	73–102 77–98	86–124 91–119	98–147 106–139	111–169 121–159	124–191 135–180	136–214 150–200	149–236 165–220
36	48–60 49–59	62–82 64–80	75–105 79–101	88–128 94–122	102–150 109–143	115–173 124–164	128–196 139–185	141–219 155–205	154–242 170–226
37	50–61 51–60	63–85 66–82	77–108 81–104	91–131 97–125	105–154 112–147	118–178 128–168	132–201 144–189	145–225 159–211	159–248 175–232
38	51–63 52–62	65–87 68–84	80–110 84–106	94–134 100–128	108–158 116–150	122–182 132–172	136–206 148–194	150–230 164–216	164–254 180–238

(계속)

반복수	처리수								
	2	3	4	5	6	7	8	9	10
39	52–65	67–89	82–113	97–137	111–162	126–186	140–211	154–236	169–260
	53–64	70–86	86–109	102–132	119–154	135–177	152–199	168–222	185–244
40	54–66	69–91	84–116	99–141	114–166	129–191	149–216	159–241	173–267
	55–65	72–88	88–112	105–135	122–158	139–181	156–204	173–227	190–250
41	55–68	71–93	87–118	102–144	117–170	133–195	148–221	163–247	178–273
	56–67	73–91	91–114	108–138	126–161	143–185	160–209	178–232	195–256
42	57–69	73–95	89–121	105–148	121–173	136–200	152–226	168–252	183–279
	58–68	75–93	93–117	111–141	129–165	147–189	165–213	182–238	200–262
43	58–71	75–97	91–124	108–150	124–177	140–204	156–231	172–258	188–285
	59–70	77–95	95–120	114–144	132–169	150–194	169–218	187–243	206–267
44	60–72	77–99	93–127	110–154	127–181	144–208	160–236	177–263	193–291
	61–71	79–97	98–122	117–147	135–173	154–198	173–223	192–248	211–273
45	61–74	78–102	96–129	113–157	130–185	147–213	164–241	181–269	198–297
	62–73	81–99	100–125	119–151	139–176	158–202	177–228	197–253	216–279
46	62–76	80–104	92–132	116–160	133–189	151–217	168–246	186–274	203–303
	63–75	83–101	103–127	122–154	142–180	162–206	181–233	201–259	221–285
47	64–77	82–106	100–135	119–163	137–192	155–221	172–251	190–280	208–309
	65–76	85–103	105–130	125–157	145–184	165–211	186–237	206–264	226–291
48	65–79	84–108	103–137	121–167	140–196	158–226	176–256	195–285	213–315
	66–78	87–105	107–133	128–160	149–187	169–215	190–242	211–269	231–297
49	67–80	86–10	105–140	124–170	143–200	162–230	181–260	199–291	218–321
	68–79	89–107	110–135	131–163	152–191	172–219	194–247	215–275	236–303
50	68–82	88–112	107–143	127–173	146–204	165–235	185–265	204–296	223–327
	69–81	91–109	112–138	134–166	155–195	177–223	198–252	220–280	242–308
51	70–83	90–114	110–145	130–176	149–208	169–239	189–270	208–302	228–333
	71–82	92–112	114–141	136–170	158–199	181–227	203–256	225–285	247–314
52	71–85	92–116	112–48	132–180	153–211	173–243	193–275	213–307	233–339
	72–84	94–114	117–143	139–173	162–202	184–232	207–261	229–291	252–320
53	72–87	93–119	114–151	135–183	156–215	176–248	197–280	217–313	238–345
	74–85	96–116	119–146	142–176	165–206	188–236	211–266	234–296	257–326
54	74–88	95–125	117–153	138–186	159–219	180–252	201–285	222–318	243–351
	75–87	98–118	121–149	145–179	168–210	192–240	215–271	239–301	262–332
55	75–90	97–123	119–156	141–189	162–223	184–256	205–290	227–323	248–357
	76–89	100–120	124–151	148–182	172–216	196–244	220–275	243–307	267–338
56	77–91	99–121	121–159	143–193	165–227	187–261	209–295	231–329	253–363
	89–90	102–122	126–154	151–185	175–217	199–249	224–280	248–312	273–343

(계속)

반복수	처리수								
	2	3	4	5	6	7	8	9	10
57	89–93 79–92	101–127 104–124	124–61 129–156	146–196 153–189	169–230 178–221	191–265 203–253	213–300 228–285	236–334 253–317	258–369 278–349
58	80–94 81–93	103–129 106–126	126–164 131–159	149–199 156–192	172–234 182–224	195–269 207–257	218–304 232–290	240–340 258–322	263–275 283–355
59	81–96 82–95	105–131 108–128	128–167 133–162	152–202 159–195	175–238 185–228	198–274 211–261	222–309 237–294	245–345 262–328	268–381 288–361
60	82–98 84–96	107–133 110–130	131–169 136–164	155–205 162–198	178–242 188–232	202–278 215–265	226–314 241–299	240–351 267–333	273–387 293–367
61	84–99 85–98	108–136 112–132	133–172 138–167	157–209 165–201	182–245 192–235	206–282 218–270	230–319 245–304	254–356 272–338	278–393 299–372
62	85–101 87–99	110–138 133–135	135–175 141–169	160–212 168–204	185–249 195–239	210–286 222–274	234–324 249–309	259–361 277–343	283–399 304–378
63	87–102 88–101	112–140 115–137	138–177 143–172	162–215 171–207	188–253 198–243	213–291 226–278	238–329 254–313	263–367 291–349	288–405 309–384
64	88–104 89–103	114–142 117–139	140–180 145–175	166–218 173–211	191–257 202–246	217–295 230–282	242–334 258–318	268–372 286–354	293–411 314–390
65	90–105 91–104	116–144 119–141	142–183 148–177	169–221 176–214	195–260 205–250	221–299 233–287	246–339 262–323	272–378 291–359	298–417 319–396
66	91–107 92–106	118–146 121–143	145–185 150–180	171–225 179–217	198–264 208–254	224–304 237–291	251–343 266–328	277–383 295–365	303–423 325–401
67	93–108 94–107	120–148 123–145	147–188 152–183	174–228 182–220	201–268 212–257	228–308 241–295	255–348 271–332	281–389 300–370	308–429 330–407
68	94–110 95–109	122–150 125–147	149–191 155–185	177–231 185–223	204–272 215–261	232–312 245–299	259–353 275–337	286–394 305–375	313–435 335–413
69	95–112 97–110	124–152 127–149	152–193 157–188	180–234 188–226	208–275 218–265	235–317 249–303	263–358 279–342	291–399 310–380	318–441 340–419
70	97–113 98–112	125–155 129–161	154–196 160–190	183–237 191–229	211–279 221–269	239–321 252–308	267–363 283–347	295–405 314–386	323–447 345–425
71	98–115 100–113	127–157 131–153	156–199 162–193	185–241 193–233	214–283 225–272	243–325 256–312	271–368 288–351	300–410 319–391	328–453 351–430
72	100–116 101–115	129–159 133–155	159–201 164–196	188–244 196–236	217–287 228–276	247–329 260–316	276–382 296–356	305–415 324–396	333–459 356–436
73	101–118 102–117	131–161 135–157	161–204 167–198	191–247 199–239	221–290 231–280	250–334 264–320	280–377 296–361	309–421 329–401	338–465 361–442
74	103–119 104–118	133–163 136–160	163–207 169–201	194–250 202–242	224–294 235–283	254–334 267–324	284–382 301–365	314–426 333–407	344–470 366–448
75	104–121 105–120	135–165 138–162	166–209 172–203	197–253 205–245	227–298 238–287	258–342 272–328	288–387 305–370	318–432 338–412	349–476 372–453

● **표 F-2** 순위법의 유의성 검정표(1%)

네 개의 숫자는 최소 비유의적 순위합–최대 비유의적 순위합(표준시료가 없는 경우). 최소 비유의적 순위합–최대 비유의적 순위합(표준시료가 있는 경우)을 나타낸다.

반복수	처리수								
	2	3	4	5	6	7	8	9	10
2	–	–	–	–	–	–	–	–	–
	–	–	–	–	–	–	–	–	3–9
3	–	–	–	–	–	–	–	–	4–29
	–		–	4–14	4–17	4–20	5–22	5–25	6–27
4	–	–	–	5–19	5–23	5–27	6–30	6–34	6–38
	–	–	5–15	6–18	6–22	7–25	8–28	8–32	9–35
5	–	–	6–19	7–23	7–28	8–32	8–37	9–41	9–46
	–	6–14	7–18	8–22	9–26	10–30	11–34	12–38	13–42
6	–	7–17	8–22	9–27	9–33	10–38	11–43	12–48	13–53
		8–16	9–21	10–26	12–30	13–35	14–40	16–44	17–49
7	–	8–20	10–25	11–31	12–37	13–43	14–49	15–55	16–61
	8–13	9–19	11–24	12–30	14–35	16–40	18–45	19–51	21–56
8	9–15	10–22	11–29	13–35	14–42	16–48	17–55	19–61	20–68
	9–15	11–21	13–27	15–33	17–39	19–45	21–51	23–57	25–63
9	10–17	12–24	13–32	15–39	17–46	19–53	21–60	22–68	24–75
	10–17	12–24	15–30	17–37	20–43	22–50	25–56	27–63	30–69
10	11–19	13–27	15–35	18–42	20–50	22–58	24–66	26–74	28–82
	11–19	14–26	17–33	20–40	23–47	25–55	28–62	31–69	34–76
11	12–21	15–29	17–38	20–46	22–55	25–63	27–72	30–80	32–89
	13–20	16–28	19–36	22–44	25–52	29–59	32–67	35–75	39–82
12	14–22	17–31	19–41	22–50	25–59	28–68	31–77	33–87	39–96
	14–22	18–30	21–39	25–47	28–56	32–64	36–72	39–81	43–89
13	15–24	18–34	21–44	25–53	28–63	31–73	34–83	37–93	40–103
	15–24	19–33	23–42	27–51	31–60	35–69	39–78	44–86	48–95
14	16–26	20–36	24–46	27–57	31–67	34–78	38–88	41–99	45–109
	17–25	21–35	25–45	30–54	34–64	39–73	43–83	48–92	52–102
15	18–27	22–38	26–49	30–60	34–71	37–83	41–94	45–105	49–116
	18–27	23–37	28–47	32–58	37–68	42–78	47–88	52–98	57–108
16	19–29	23–41	28–52	32–64	36–76	41–87	45–99	49–111	53–123
	19–29	25–39	30–50	35–61	40–72	46–82	51–93	56–104	61–115
17	20–31	25–43	30–55	35–67	39–80	44–92	49–104	53–117	58–129
	21–30	26–42	32–53	38–64	43–76	49–87	55–98	60–110	55–121
18	22–32	27–45	32–58	37–71	42–84	47–97	52–110	57–123	62–136
	22–32	28–44	34–56	40–68	46–80	52–92	59–103	65–115	71–127
19	23–34	39–47	34–61	40–74	45–88	50–102	56–115	61–129	67–142
	24–33	30–46	36–59	43–71	49–84	56–96	62–109	69–121	76–133

(계속)

반복수	처리수								
	2	3	4	5	6	7	8	9	10
20	24–36 25–35	30–50 32–48	36–64 38–62	42–78 45–75	48–92 52–88	54–106 59–101	60–120 66–114	65–135 73–127	71–149 80–140
21	26–37 26–37	32–52 33–51	38–67 41–64	45–81 48–78	51–96 55–92	57–111 63–105	63–126 70–119	69–141 78–132	75–156 75–146
22	27–39 28–38	34–54 35–53	40–70 43–67	47–85 51–81	54–100 58–96	60–116 66–110	67–131 74–124	74–146 82–138	80–162 90–152
23	28–41 29–40	36–56 37–55	43–72 45–70	50–88 53–85	57–104 62–99	64–120 70–114	71–136 78–129	78–152 86–144	85–168 95–158
24	30–42 30–42	37–59 39–57	45–75 47–73	52–92 56–88	60–108 65–103	67–125 73–119	75–141 82–134	82–158 91–149	89–175 99–165
25	31–44 32–43	39–61 41–59	47–78 50–75	55–95 59–91	63–112 68–107	71–129 77–123	78–147 86–139	86–164 95–155	94–181 104–171
26	33–45 33–45	41–63 42–62	49–81 52–78	57–99 61–95	66–16 71–111	74–134 80–128	82–152 90–144	90–170 100–166	98–188 109–177
27	34–47 35–46	43–65 44–64	51–84 54–81	60–102 64–98	69–120 74–115	77–139 84–132	86–157 94–149	94–176 104–166	103–194 114–183
28	35–49 36–48	44–68 46–66	54–86 56–84	63–105 67–101	72–124 77–119	81–143 88–136	90–162 98–185	99–181 108–172	108–200 119–189
29	37–50 37–50	46–70 48–68	56–89 89–86	65–109 69–105	75–128 80–123	84–148 91–141	94–167 102–159	103–187 113–177	112–207 124–195
30	38–52 39–51	48–72 50–70	58–92 61–89	68–112 72–108	78–132 83–127	88–152 95–145	97–173 106–164	107–193 117–183	117–213 129–201
31	39–54 40–53	50–74 51–73	60–95 63–92	71–115 75–111	81–136 86–131	91–157 98–150	101–175 110–169	112–198 122–188	122–219 133–208
32	41–55 41–55	52–76 53–75	62–98 65–95	73–119 77–115	84–140 90–134	95–161 102–154	105–183 114–174	116–204 126–194	126–226 138–214
33	42–57 43–56	53–79 55–77	65–100 68–97	76–122 80–118	87–144 93–138	98–166 105–159	109–188 118–179	120–210 131–199	131–232 143–220
34	44–58 44–58	55–81 57–79	67–103 70–100	78–126 83–121	90–148 96–142	102–170 109–163	113–193 122–184	124–216 135–205	136–238 148–226
35	45–60 46–59	57–83 59–81	69–106 72–103	81–129 86–124	93–152 99–146	105–175 113–167	117–198 126–189	129–221 140–210	141–244 153–232
36	46–62 47–61	59–82 61–83	74–109 74–106	84–132 88–128	96–156 102–150	109–176 116–172	121–203 130–194	133–227 144–216	145–251 158–238
37	48–63 48–63	61–87 63–85	74–111 77–108	86–136 91–131	99–160 105–154	112–184 120–173	125–208 134–199	137–233 149–221	150–257 163–244
38	49–65 50–64	62–90 64–88	76–114 79–111	89–139 94–134	102–64 109–157	116–188 123–181	129–213 138–204	142–238 153–227	155–263 168–250

(계속)

반복수	처리수								
	2	3	4	5	6	7	8	9	10
39	51–66 51–66	64–92 66–90	78–117 81–114	92–142 97–137	105–168 112–161	119–193 127–185	133–218 142–209	146–244 158–232	160–269 173–256
40	52–68 53–67	66–94 68–92	80–120 84–16	94–146 99–141	109–171 115–165	123–197 131–189	137–223 146–214	150–250 162–238	164–276 178–262
41	53–70 65–69	68–96 70–94	83–122 86–119	97–149 102–144	112–175 118–169	126–202 134–194	140–29 150–19	155–255 167–243	169–282 183–268
42	55–71 56–70	70–98 72–96	85–125 88–122	100–152 105–147	115–179 121–173	130–206 138–198	144–234 155–223	159–261 171–249	174–288 188–274
43	56–73 57–72	72–100 74–98	87–128 91–124	103–155 108–150	118–183 125–176	133–211 142–202	148–239 159–228	164–266 176–264	179–294 193–280
44	58–74 58–74	73–103 75–101	89–131 93–127	105–159 110–154	121–187 128–180	137–215 145–207	152–244 163–233	168–272 180–260	184–300 198–286
45	59–76 60–75	75–105 77–103	92–133 95–130	108–162 113–157	124–191 131–184	140–220 149–211	156–249 167–238	172–278 185–265	188–307 203–292
46	60–78 61–77	77–07 79–105	94–136 97–133	111–165 116–160	127–195 134–188	144–224 153–215	160–254 171–243	177–283 189–271	193–313 208–298
47	62–79 63–78	79–109 81–107	96–139 100–135	113–169 119–163	130–199 137–192	148–229 156–220	164–259 175–248	181–289 194–276	198–319 213–304
48	63–81 64–80	81–111 83–109	98–142 102–138	116–172 121–167	133–203 141–195	151–233 160–224	168–264 179–253	186–294 198–282	203–325 218–310
49	65–82 65–82	83–113 85–111	101–144 104–141	119–175 124–170	137–206 144–199	155–237 164–228	172–269 183–258	190–300 203–287	208–331 223–316
50	66–84 67–83	84–116 87–113	103–147 107–143	121–179 127–173	140–210 149–203	158–242 167–233	176–274 187–263	195–305 208–292	213–337 228–322
51	67–86 68–65	86–118 88–116	105–150 109–146	124–182 130–176	143–214 150–207	162–246 171–237	180–279 192–267	199–311 212–298	218–343 233–328
52	69–87 70–86	88–120 90–118	108–152 111–149	127–185 132–180	146–218 153–211	165–251 175–241	184–284 196–272	203–317 217–303	222–350 238–334
53	70–89 71–88	90–122 92–120	110–155 114–151	130–188 135–183	149–222 157–214	169–255 178–246	188–289 200–277	208–322 221–309	227–345 243–340
54	72–90 73–89	92–124 94–122	112–158 116–154	132–192 138–186	152–226 160–218	172–260 182–250	192–294 204–282	212–328 226–314	232–362 248–346
55	73–92 74–91	94–126 96–124	114–161 118–157	135–195 141–189	156–229 163–222	176–264 186–254	196–299 208–287	217–333 231–319	237–368 253–352
56	74–94 95–93	96–128 98–126	117–163 121–159	138–198 143–193	159–233 166–226	180–268 189–259	200–304 212–292	221–339 235–325	242–374 258–358

(계속)

반복수	처리수								
	2	3	4	5	6	7	8	9	10
57	79–95 77–94	97–131 100–128	119–166 123–162	140–202 146–196	162–237 170–229	183–273 193–263	205–308 216–297	226–344 240–330	247–380 263–364
58	77–97 78–96	99–133 102–130	121–169 125–165	143–205 149–199	165–241 173–233	187–277 197–267	209–313 220–302	230–350 244–336	252–386 268–370
59	79–98 80–97	101–135 103–133	124–171 128–167	146–208 152–202	168–245 176–237	190–282 200–272	213–318 225–306	235–355 249–341	257–392 273–376
60	80–100 81–99	103–137 105–135	126–174 130–170	149–211 155–205	171–249 179–241	191–286 204–276	217–323 229–311	239–361 254–346	262–398 278–382
61	84–99 85–98	108–136 112–132	133–172 138–167	157–209 165–201	182–245 192–235	206–282 218–270	230–319 245–304	254–356 272–338	278–393 299–372
62	85–101 87–99	110–138 133–135	135–175 141–169	160–212 168–204	185–249 195–239	210–286 222–274	234–324 249–309	259–361 277–343	283–399 304–378
63	87–102 88–101	112–140 115–137	138–177 143–172	162–215 171–207	188–253 198–243	213–291 226–278	238–329 254–313	263–367 291–349	288–405 309–384
64	88–104 89–103	114–142 117–139	140–180 145–175	166–218 173–211	191–257 202–246	217–295 230–282	242–334 258–318	268–372 286–354	293–411 314–390
65	90–105 91–104	116–144 119–141	142–183 148–177	169–221 176–214	195–260 205–250	221–299 233–287	246–339 262–323	272–378 291–359	298–417 319–396
66	91–107 92–106	118–146 121–143	145–185 150–180	171–225 179–217	198–264 208–254	224–304 237–291	251–343 266–328	277–383 295–365	303–423 325–401
67	93–108 94–107	120–148 123–145	147–188 152–183	174–228 182–220	201–268 212–257	228–308 241–295	255–348 271–332	281–389 300–370	308–429 330–407
68	94–110 95–109	122–150 125–147	149–191 155–185	177–231 185–223	204–272 215–261	232–312 245–299	259–353 275–337	286–394 305–375	313–435 335–413
69	95–112 97–110	124–152 127–149	152–193 157–188	180–234 188–226	208–275 218–265	235–317 249–303	263–358 279–342	291–399 310–380	318–441 340–419
70	97–113 98–112	125–155 129–161	154–196 160–190	183–237 191–229	211–279 221–269	239–321 252–308	267–363 283–347	295–405 314–386	323–447 345–425
71	98–115 100–113	127–157 131–153	156–199 162–193	185–241 193–233	214–283 225–272	243–325 256–312	271–368 288–351	300–410 319–391	328–453 351–430
72	100–116 101–115	129–159 133–155	159–201 164–196	188–244 196–236	217–287 228–276	247–329 260–316	276–382 296–356	305–415 324–396	333–459 356–436
73	101–118 102–117	131–161 135–157	161–204 167–198	191–247 199–239	221–290 231–280	250–334 264–320	280–377 296–361	309–421 329–401	338–465 361–442
74	103–119 104–118	133–163 136–160	163–207 169–201	194–250 202–242	224–294 235–283	254–334 267–324	284–382 301–365	314–426 333–407	344–470 366–448
75	104–121 105–120	135–165 138–162	166–209 172–203	197–253 205–245	227–298 238–287	258–342 272–328	288–387 305–370	318–432 338–412	349–476 372–453

표 G-1 Basker(1988)에 의한 순위합의 차이값 이용 순위법 검정표(5%)

아래의 표는 패널요원 수와 제품 수에 따라 유의성을 나타내기 위한 순위합의 최소 차이값을 나타낸다.

패널 요원 수	제품 수							
	3	4	5	6	7	8	9	10
2	–	–	8	10	12	14	16	18
3	6	8	11	13	15	18	20	23
4	7	10	13	15	18	21	24	27
5	8	11	14	17	21	24	27	30
6	9	12	15	19	22	26	30	34
7	10	13	17	20	24	28	32	36
8	10	14	18	22	26	30	34	40
9	10	15	19	23	27	32	36	41
10	11	15	20	24	29	34	38	43
11	11	16	21	26	30	35	40	45
12	12	17	22	27	32	37	42	48
13	12	18	23	28	33	39	44	50
14	13	18	24	29	34	40	46	52
15	13	19	24	30	36	42	47	53
16	13.3	18.8	24.4	30.2	36.0	42.0	48.1	54.2
17	13.7	19.3	25.2	31.1	37.1	43.3	49.5	55.9
18	14.1	19.9	25.9	32.0	38.2	44.5	51.0	57.5
19	14.4	20.4	26.6	32.9	39.3	45.8	52.4	59.0
20	14.8	21.0	27.3	33.7	40.3	47.0	53.7	60.6
21	15.2	21.5	28.0	34.6	41.3	48.1	55.1	62.1
22	15.5	22.0	28.6	35.4	42.3	49.2	56.4	63.5
23	15.9	22.5	29.3	36.2	43.2	50.3	57.6	65.0
24	16.2	23.0	29.9	36.9	44.1	51.4	58.9	66.4
25	16.6	23.5	30.5	37.7	45.0	52.5	60.1	67.7
26	16.9	23.9	31.1	38.4	45.9	53.5	61.3	69.1
27	17.2	24.4	31.7	39.2	46.8	54.6	62.4	70.4
28	17.5	24.8	32.3	39.9	47.7	55.6	63.6	71.7
29	17.8	25.3	32.8	40.6	48.5	56.5	64.7	72.9
30	18.2	25.7	33.4	41.3	49.3	57.5	65.8	74.2

(계속)

패널 요원 수	제품 수							
	3	4	5	6	7	8	9	10
31	18.5	26.1	34.0	42.0	50.2	58.5	66.9	75.4
32	18.7	26.5	34.5	42.6	51.0	59.4	68.0	76.6
33	19.0	26.9	35.0	43.3	51.7	60.3	69.0	77.8
34	19.3	27.3	35.6	44.0	52.5	61.2	70.1	79.0
35	19.6	27.7	36.1	44.6	53.3	62.1	71.1	80.1
36	19.9	28.1	36.6	45.2	54.0	63.0	72.1	81.3
37	20.2	28.5	37.1	45.9	54.8	63.9	73.1	82.4
38	20.4	28.9	37.6	46.5	55.5	64.7	74.1	83.5
39	20.7	29.3	38.1	47.1	56.3	65.6	75.0	84.6
40	21.0	29.7	38.6	47.7	57.0	66.4	76.0	85.7
41	21.2	30.0	39.1	48.3	57.7	67.2	76.9	86.7
42	21.5	30.4	39.5	48.9	58.4	68.0	77.9	87.8
43	21.7	30.8	40.0	49.4	59.1	68.8	78.8	88.8
44	22.0	31.1	40.5	50.0	59.8	69.6	79.7	89.9
45	22.2	31.5	40.9	50.6	60.4	70.4	80.6	90.9
46	22.5	31.8	41.4	51.1	61.1	71.2	81.5	91.9
47	22.7	32.2	41.8	51.7	61.8	72.0	82.4	92.9
48	23.0	32.5	42.3	52.2	62.4	72.7	83.2	93.8
49	23.2	32.8	42.7	52.8	63.1	73.5	84.1	94.8
50	23.4	33.2	43.1	53.3	63.7	74.2	85.0	95.8
51	23.7	33.5	43.6	53.8	64.3	75.0	85.8	96.7
52	23.9	33.8	44.0	54.4	65.0	75.7	86.6	97.7
53	24.1	34.1	44.4	54.9	65.6	76.4	87.5	98.6
54	24.4	34.5	44.8	55.4	66.2	77.1	88.3	99.5
55	24.6	34.8	45.2	55.9	66.8	77.9	89.1	100.5
56	24.8	35.1	45.6	56.4	67.4	78.6	89.9	101.4
57	25.0	35.4	46.1	56.9	68.0	79.3	90.7	102.3
58	25.2	35.7	46.5	57.4	68.6	80.0	91.5	103.2
59	25.5	36.0	46.9	57.9	69.2	80.6	92.3	104.0
60	25.7	36.3	47.3	58.4	69.8	81.3	93.1	104.9

(계속)

패널 요원 수	제품 수							
	3	4	5	6	7	8	9	10
61	25.9	36.6	47.6	58.9	70.4	82.0	93.8	105.8
62	26.1	36.9	48.0	59.4	70.9	82.7	94.6	106.7
63	26.3	37.2	48.4	59.8	71.5	83.3	95.4	107.5
64	26.5	37.5	48.8	60.3	72.1	84.0	96.1	108.4
65	26.7	37.8	49.2	60.8	72.6	84.6	96.9	109.2
66	26.9	38.1	49.6	61.3	73.2	85.3	97.6	110.0
67	27.1	38.4	49.9	61.7	73.7	85.9	98.3	110.9
68	27.3	38.7	50.3	62.2	74.3	86.6	99.1	111.7
69	27.5	39.0	50.7	62.6	74.8	87.2	99.8	112.5
70	27.7	39.2	51.0	63.1	75.4	87.8	100.5	113.3
71	27.9	39.5	51.4	63.5	75.9	88.5	101.2	114.1
72	28.1	39.8	51.8	64.0	76.4	89.1	101.9	114.9
73	28.3	40.1	52.1	64.4	77.0	89.7	102.7	115.7
74	28.5	40.3	52.5	64.9	77.5	90.3	103.4	116.5
75	28.7	40.6	52.8	65.3	78.0	90.9	104.0	117.3
76	28.9	40.9	53.2	65.7	78.5	91.5	104.7	118.1
77	29.1	41.2	53.5	66.2	79.0	92.1	105.4	118.9
78	29.3	41.4	53.9	66.6	79.6	92.7	106.1	119.6
79	29.5	41.7	54.2	67.0	80.1	93.3	106.8	120.4
80	29.6	42.0	54.6	67.4	80.6	93.9	107.5	121.2
81	29.8	42.2	54.9	67.9	81.1	94.5	108.1	121.9
82	30.0	42.5	55.2	68.3	81.6	95.1	108.8	122.7
83	30.2	42.7	55.6	68.7	82.1	95.6	109.5	123.4
84	30.4	43.0	55.9	69.1	82.6	96.2	110.1	124.1
85	30.6	43.2	56.2	69.5	83.1	96.8	110.8	124.9
86	30.7	43.5	56.6	69.9	83.5	97.4	111.4	125.6
87	30.9	43.7	56.9	70.3	84.0	97.9	112.1	126.3
88	31.1	44.0	57.2	70.7	84.5	98.5	112.7	127.1
89	31.3	44.2	57.5	71.1	85.0	99.0	113.3	127.8
90	31.4	44.5	57.9	71.5	85.5	99.6	114.0	128.5

(계속)

패널 요원 수	제품 수							
	3	4	5	6	7	8	9	10
91	31.6	44.7	58.2	71.9	85.9	100.1	114.6	129.2
92	31.8	45.0	58.5	72.3	86.4	100.7	115.2	129.9
93	32.0	45.2	58.8	72.7	86.9	101.2	115.9	130.6
94	32.1	45.5	59.1	73.1	87.3	101.8	116.5	131.3
95	32.3	45.7	59.5	73.5	87.8	102.3	117.1	132.0
96	32.5	46.0	59.8	73.9	88.3	102.9	117.7	132.7
97	32.6	46.2	60.1	74.3	88.7	103.4	118.3	133.4
98	32.8	46.4	60.4	74.6	89.2	103.9	118.9	134.1
99	33.0	46.7	60.7	75.0	89.6	104.5	119.5	134.8
100	33.1	46.9	61.0	75.4	90.1	105.0	120.1	135.5
101	33.3	47.1	61.3	75.8	90.5	105.5	120.7	136.1
102	33.5	47.4	61.6	76.1	91.0	106.0	121.3	136.8
103	33.6	47.6	61.9	76.5	91.4	106.85	121.9	137.5
104	33.8	47.8	62.2	76.9	91.9	107.1	122.5	138.1
105	34.0	48.1	62.5	77.3	92.3	107.6	123.1	138.8
106	34.1	48.3	62.8	77.6	92.7	108.1	123.7	139.5
107	34.3	48.5	63.1	78.0	93.2	108.6	124.3	140.1
108	34.4	48.7	63.4	78.4	93.6	109.1	124.9	140.8
109	34.6	49.0	63.7	78.7	94.0	109.6	125.4	141.4
110	34.8	49.2	64.0	79.1	94.5	110.1	126.0	142.1
111	34.9	49.4	64.3	79.4	94.9	110.6	126.6	142.7
112	35.1	49.6	64.6	79.8	95.3	111.1	127.1	143.4
113	35.2	49.9	64.8	80.1	95.8	111.6	127.7	144.0
114	35.4	50.1	65.1	80.5	96.2	112.1	128.3	144.6
115	35.5	50.3	65.4	80.9	96.6	112.6	128.8	145.3
116	35.7	50.5	65.7	81.2	97.0	113.1	129.4	145.9
117	35.8	50.7	66.0	81.6	97.4	113.6	130.0	146.5
118	36.0	50.9	66.3	81.9	97.9	114.0	130.5	147.1
119	36.2	51.2	66.5	82.2	98.3	114.5	131.1	147.8
120	36.3	51.4	66.8	82.6	98.7	115.0	131.6	148.4

표 G-2 Basker(1988)에 의한 순위합의 차이값 이용 순위법 검정표(1%)

아래의 표는 패널요원 수와 제품 수에 따라 유의성을 나타내기 위한 순위합의 최소 차이값을 나타낸다.

패널 요원 수	제품 수							
	3	4	5	6	7	8	9	10
2	–	–	–	–	–	–	–	19
3	–	9	12	14	17	19	22	24
4	8	11	14	17	20	23	26	29
5	9	13	16	19	23	26	30	33
6	10	14	18	21	25	29	33	37
7	11	15	19	23	28	32	36	40
8	12	16	21	25	30	34	39	43
9	13	17	22	27	32	36	41	46
10	13	18	23	28	33	38	44	49
11	14	19	24	30	35	40	46	51
12	15	20	26	31	37	42	48	54
13	15	21	27	32	38	44	50	56
14	16	22	28	34	40	46	52	58
15	16	22	28	35	41	48	54	60
16	16.5	22.7	29.1	35.6	42.2	48.9	55.6	62.5
17	17.0	23.4	30.0	36.7	43.5	50.4	57.3	64.4
18	17.5	24.1	30.9	37.8	44.7	51.8	59.0	66.2
19	18.0	24.8	31.7	38.8	46.0	53.2	60.6	68.1
20	18.4	25.4	32.5	39.8	47.2	54.6	62.2	69.8
21	18.9	26.0	33.4	40.8	48.3	56.0	63.7	71.6
22	19.3	26.7	34.1	41.7	49.5	57.3	65.2	73.2
23	19.8	27.3	34.9	42.7	50.6	58.6	66.7	74.9
24	20.2	27.8	35.7	43.6	51.7	59.8	68.1	76.5
25	20.6	28.4	36.4	44.5	52.7	61.1	69.5	78.1
26	21.0	29.0	37.1	45.4	53.8	62.3	70.9	79.6
27	21.4	29.5	37.8	46.2	54.8	63.5	72.3	81.1
28	21.8	30.1	38.5	47.1	55.8	64.6	73.6	82.6
29	22.2	30.6	39.2	47.9	56.8	65.8	74.9	84.1

(계속)

패널 요원 수	제품 수							
	3	4	5	6	7	8	9	10
30	22.6	31.1	39.9	48.7	57.8	66.9	76.2	85.5
31	22.9	31.6	40.5	49.6	58.7	68.0	77.4	86.9
32	23.3	32.2	41.2	50.3	59.7	69.1	78.7	88.3
33	23.7	32.7	41.8	51.1	60.6	70.2	79.9	89.7
34	24.0	33.1	42.4	51.9	61.5	71.2	81.1	91.0
35	24.4	33.6	43.1	52.7	62.4	72.3	82.3	92.4
36	24.7	34.1	43.7	53.4	63.3	73.3	83.4	93.7
37	25.1	34.6	44.3	54.1	64.2	74.3	84.6	95.0
38	25.4	35.0	44.9	54.9	65.0	75.3	85.7	96.2
39	25.7	35.5	45.5	55.6	65.9	76.3	86.8	97.5
40	26.1	36.0	46.0	56.3	66.7	77.3	88.0	98.7
41	26.4	36.4	46.6	57.0	67.5	78.2	89.0	100.0
42	26.7	36.8	47.2	57.7	68.3	79.2	90.1	101.2
43	27.0	37.3	47.7	58.4	69.2	80.1	91.2	102.4
44	27.3	37.7	48.3	59.0	70.0	81.1	92.2	103.6
45	27.6	38.1	48.8	59.7	70.7	81.9	93.3	104.7
46	27.9	38.6	49.4	60.4	71.5	82.9	94.3	105.9
47	28.2	39.0	49.9	61.0	72.3	83.7	95.3	107.0
48	28.5	39.4	50.4	61.7	73.1	84.6	96.3	108.2
49	28.8	39.8	50.9	62.3	73.8	85.5	97.3	109.3
50	29.1	40.2	51.5	62.9	74.6	86.4	98.3	110.4
51	29.4	40.6	52.0	63.6	75.3	87.2	99.3	111.5
52	29.7	41.0	52.5	64.2	76.1	88.1	100.3	112.6
53	30.0	41.4	53.0	64.8	76.8	88.9	101.2	113.7
54	30.3	41.8	53.5	65.4	77.5	89.8	102.2	114.7
55	30.6	42.2	54.0	66.0	78.2	90.6	103.1	115.8
56	30.8	42.5	54.5	66.6	78.9	91.4	104.1	116.8
57	31.1	42.9	54.9	67.2	79.6	92.2	105.0	117.9
58	31.4	43.3	55.4	67.8	80.3	93.0	105.9	118.9
59	31.6	43.7	55.9	68.4	81.0	93.8	106.8	119.9

(계속)

패널 요원 수	제품 수							
	3	4	5	6	7	8	9	10
60	31.9	44.0	56.4	68.9	81.7	94.6	107.7	120.9
61	32.2	44.4	56.8	69.5	82.4	95.4	108.6	121.9
62	32.4	44.8	57.3	70.1	83.0	96.2	109.5	122.9
63	32.7	45.1	57.8	70.6	83.7	97.0	110.4	123.9
64	33.0	45.5	58.2	71.2	84.4	97.7	111.3	124.9
65	33.2	45.8	58.7	71.8	85.0	98.5	112.1	125.9
66	33.5	46.2	59.1	72.3	85.7	99.2	113.0	126.8
67	33.7	46.5	59.6	72.8	86.3	100.0	113.8	127.8
68	34.0	46.9	60.0	73.4	87.0	100.7	114.7	128.8
69	34.2	47.2	60.5	73.9	87.6	101.5	115.5	129.7
70	34.5	47.6	60.9	74.5	88.2	102.2	116.4	130.6
71	34.7	47.9	61.3	75.0	88.9	102.9	117.2	131.6
72	35.0	48.2	61.8	75.5	89.5	103.7	118.0	132.5
73	35.2	48.6	62.2	76.0	90.1	104.4	118.8	133.4
74	35.4	48.9	62.6	76.6	90.7	105.1	119.6	134.3
75	35.7	49.2	63.0	77.1	91.3	105.8	120.4	135.2
76	35.9	49.6	63.4	77.6	91.9	106.5	121.2	136.1
77	36.2	49.9	63.9	78.1	92.5	107.2	122.0	137.0
78	36.4	50.2	64.3	78.6	93.1	1070.9	122.8	137.9
79	36.6	50.5	64.7	79.1	93.7	108.6	123.6	138.8
80	36.9	50.8	65.1	79.6	94.3	109.3	124.4	139.7
81	37.1	51.2	65.5	80.1	94.9	109.9	125.2	140.5
82	37.3	51.5	65.9	80.6	95.5	110.6	125.9	141.4
83	37.5	51.8	66.3	81.1	96.1	111.3	126.7	142.2
84	37.8	52.1	66.7	81.6	96.7	112.0	127.5	143.1
85	38.0	52.4	67.1	82.0	97.2	112.6	128.2	144.0
86	38.2	52.7	67.5	82.5	97.8	113.3	129.0	144.8
87	38.4	53.0	67.9	83.0	98.4	113.9	129.7	145.6
88	38.6	53.3	68.3	83.5	98.9	114.6	130.5	146.5
89	38.9	53.6	68.7	84.0	99.5	115.2	131.2	147.3

(계속)

패널 요원 수	제품 수							
	3	4	5	6	7	8	9	10
90	39.1	53.9	69.0	84.4	100.1	115.9	131.9	148.1
91	39.3	54.2	69.4	84.9	100.6	116.5	132.7	148.9
92	39.5	54.5	69.8	85.4	101.2	117.2	133.45	149.8
93	39.7	54.8	70.2	85.8	101.78	117.8	134.1	150.6
94	39.9	55.1	70.6	86.3	102.3	118.4	134.8	151.4
95	40.2	55.4	70.9	86.7	102.8	119.1	135.5	152.2
96	40.4	55.7	71.3	87.2	103.3	119.7	136.3	153.0
97	40.6	56.0	71.7	87.7	103.9	120.3	137.0	153.8
98	40.8	56.3	72.0	88.1	104.4	120.9	137.7	154.6
99	41.0	56.6	72.4	88.5	104.9	121.5	138.4	155.4
100	41.2	56.8	72.8	89.0	105.5	122.2	139.1	156.1
101	41.4	57.1	73.1	89.4	106.0	122.8	139.8	156.9
102	41.6	57.4	73.5	89.9	106.5	123.4	140.5	157.7
103	41.8	57.7	73.9	90.3	107.0	124.0	141.1	158.5
104	42.0	58.0	74.2	90.8	107.6	124.6	141.8	159.2
105	42.2	58.2	74.6	91.2	108.1	125.2	142.5	160.0
106	42.4	58.5	74.9	91.6	108.6	125.8	143.2	160.8
107	42.6	58.8	75.3	92.1	109.1	126.4	143.9	161.5
108	42.8	59.1	75.6	92.5	109.6	126.9	144.5	162.3
109	43.0	59.3	76.0	92.9	110.1	127.5	145.2	163.0
110	43.2	59.6	76.3	93.3	110.6	128.1	145.9	163.8
111	43.4	59.9	76.7	93.8	111.1	128.7	146.5	164.5
112	43.6	60.2	77.0	94.2	111.6	129.3	147.2	165.2
113	43.8	60.4	77.4	94.6	112.1	129.9	147.8	166.0
114	44.0	60.7	77.7	95.0	112.6	130.4	148.5	166.7
115	44.2	61.0	78.0	95.4	113.1	131.0	149.1	167.4
116	44.4	61.2	78.4	95.9	113.6	131.6	149.8	168.2
117	44.6	61.5	78.7	96.3	114.1	132.1	150.4	168.9
118	44.8	61.7	79.1	96.7	114.6	132.7	151.1	169.6
119	44.9	62.0	79.4	97.1	115.0	133.3	151.7	170.3
120	45.1	62.3	79.7	97.5	115.5	133.8	152.3	171.1

● 참고문헌

[국내문헌]

구난숙, 김향숙, 이경애, 김미정. 식품관능검사 이론과 실험. 교문사. 2014

김광옥, 김상숙, 성내경, 이영춘. 관능검사 방법 및 응용. 신광출판사. 2004

김혜영, 김미리, 고봉경. 식품품질평가. 도서출판 효일. 2014

서동순, 김지윤, 정서진, 전선영, 이소민, 이윤미, 홍재희, 김상숙, 김영경, 이은경. 감각검사 원리에서 활용까지. 파워북. 2021

유대준, 박은혜. All New 커피인사이드. 더스칼러빈. 2021

이학식, 임지훈. SPSS 20.0 매뉴얼. 집현재. 2014

이효숙, 장혜진, 김지영, 류무희, 오재복. 커피 바리스타. 파워북. 2014

조성민. 와인 시음 비교 분석 고찰. 2015

황인경, 김미라, 송효남, 문보경, 이선미, 김선아, 서한석. 식품품질관리와 관능검사. 교문사. 2019

[국외문헌]

BASKER, D1 1988. Critical values of differences among rank sums for multiple comparisons, Institute of Food Technologists, Chicago, IL, USA

Harry T. Lawless, Hildegarde Heymann. Sensory Evaluation of Food: Principles and Practices. Springer. 2010

Herbert Stone, Rebecca N. Bleibaum, Heather A. Thomas. Sensory Evaluation Practices. Academic Press. 2012

Kramer A. Definition of texture and its measurement in vegetable products, food Technology, 13(4): 46. 1964

Kramer A, Cooler FW, Cooler J, Modery M. Twiff, BA. Munbers of tasters required to determine consumer preferences for fruit drinks, Food technology. 17(3): 86-91. 1963

Kramer A, Szczesniak AS. Texture measurments of food, d, reidel publishing Co. 1973

Morten C. Meilgaar, Gail Vance Civile, B. Thomas Carr. Sensory Evaluation Techniquse.

CRC Press. 2006

Sarah E. Kemp, Joanne Hort, Tracey Hollowood. Descriptive Analysis in Sensory Evaluation. Wiley-Blackwell. 2018

Sczesniak AS. Classification of texture characteristics, J. Food Sci. 28:235. 1963

Sczesniak AS, Brandt MT, Friedman HH. Development of standard rating scales for mechanical of texture and correlation between the objective and the sensory metjods of texture evaluation. J. Food Sci., 28:397. 1963

[기타]

에그문화센터. https://www.youtube.com/watch?v=SibShmFdKl8

와인&커피 용어해설. 커피의 1차 맛. https://terms.naver.com/entry.naver?docId=386601&cid=50346&categoryId=50346

PASCAL FRANCIS. http://pascal-francis.inist.fr/vibad/index.php?action=getRecordDetail&idt=7548021

찾아보기